中国夏季
强降水和高温过程
中期预报方法

金荣花　顾　薇　孙继松　等 著
韩荣青　张琳娜　张　博

气象出版社
China Meteorological Press

内容简介

我国夏季典型雨季持续性降水过程和高温灾害事件,是由非常复杂的多尺度系统相互作用形成的。本书围绕我国夏季典型雨季,包括华南前汛期、江淮梅雨期、华北暴雨季的持续性强降水过程,以及重大高温灾害事件的中期预报技术薄弱环节,系统分析了典型雨季强降水过程和高温事件的时空分布特征和致灾特点,研究了其中期时空尺度发生、发展的规律以及天气学成因和物理机制,构建了强降水中期过程的预报概念模型,研发了关键指标的客观预报方法。

本书可供中长期天气预报业务人员使用,为他们开展中期天气预报业务提供理论基础和技术支撑。

图书在版编目(CIP)数据

中国夏季强降水和高温过程中期预报方法 / 金荣花
等著. -- 北京:气象出版社,2021.9
ISBN 978-7-5029-7548-7

Ⅰ. ①中… Ⅱ. ①金… Ⅲ. ①强降水-研究-中国②
高温-研究-中国 Ⅳ. ①P426.6②P423

中国版本图书馆CIP数据核字(2021)第185944号

中国夏季强降水和高温过程中期预报方法
Zhongguo Xiaji Qiangjiangshui he Gaowen Guocheng Zhongqi Yubao Fangfa

出版发行:气象出版社			
地　址:北京市海淀区中关村南大街46号		**邮政编码**:100081	
电　话:010-68407112(总编室)　010-68408042(发行部)			
网　址:http://www.qxcbs.com		**E-mail**:qxcbs@cma.gov.cn	
责任编辑:黄海燕		**终　审**:吴晓鹏	
责任校对:张硕杰		**责任技编**:赵相宁	
封面设计:博雅锦			
印　刷:三河市君旺印务有限公司			
开　本:787 mm×1092 mm　1/16		**印　张**:10.5	
字　数:215 千字			
版　次:2021 年 9 月第 1 版		**印　次**:2021 年 9 月第 1 次印刷	
定　价:88.00 元			

前　言

中国地处东亚季风区，受地理位置、地形地貌及气候特征等因素影响，气象灾害种类之多、发生之频、范围之广、影响之重超过世界上绝大多数国家，且在气候变化的影响下，暴雨洪涝、干旱、高温等重大持续性气象灾害事件发生频率和强度呈增加趋势，这对我国粮食安全、能源安全、水资源安全、生态环境安全、重大工程安全以及公共安全等造成严重威胁。面对气象防灾减灾形势日益严峻和应对难度日益加大的形势，加强超前时效（15天以内）的中期天气预报关键技术和方法研究，提高中期天气预报技巧和延长可用预报时效，提升重大持续性气象灾害事件的超前时效预报能力，已是当前气象为防灾减灾、保护人民生命财产安全和保障社会经济发展服务，迫切需要解决的重大科学和技术问题之一。

中期天气预报是现代天气预报业务的重要一环，超前准确预报持续性强降雨、高温等重大气象灾害天气事件，不仅可以取得明显的社会经济服务效益，也可为政府部门超前、科学部署防灾减灾工作提供决策依据，赢得防御灾害工作主动。理论上，天气预报随着预报时效延长，其不确定性增加、可靠性降低，加之缺乏对重大灾害性天气中期过程的发生规律和形成机理系统性的理论认识，且在中期过程可预报性和客观定量预报技术方法上也没有取得实质性突破，所以，对于持续性强降雨、高温等天气过程的起止时间、发生区域、灾害强度难以超前预测。近年来，随着综合观测系统日益完善和气象要素再分析资料不断升级，有条件可以在传统的理论认识和技术方法基础上，进一步系统性研究重大灾害性天气的发生发展规律，探索中期过程物理成因和形成机制，挖掘中期过程可预报性信息并延长预报时效，有希望在此类重大气象灾害中期天气预报关键技术瓶颈上取得突破。

自2015年以来，依托国家科技支撑计划（2015BAC03B04）和国家自然科学基金面上项目（41575066），作者围绕我国夏季典型雨季，包括华南前汛期、江淮梅雨、华北暴雨季节的持续性强降水过程，以及重大高温灾害事件的中期预报技术薄弱环节，系统分析了典型雨季强降水过程和高温事件时空分布特征和致灾特点，提供了翔实的典型雨季强降水过程个例数据资料，研究了中期时空尺度发生、发展的规律以及天气学成因和物理机制,构建了强降水中期过程的预报概念模型,研发了关键指标的客观预报方法,以期为中期天气预报业务技术进步提供理论基础和技术支撑。

基于课题研究成果编写本书,共设置4章。第1章是华南前汛期持续性强降水过程的成因和中期预报方法,将华南前汛期划分为锋面降水阶段和夏季风降水阶段,并针对这两个阶段研究其降水过程的形成机制和变异成因,建立了适合中期尺度预测的客观统计预报模型;由中国气象局国家气候中心顾薇执笔撰写。第2章是江淮梅雨持续性降水过程的成因和中期预报方法,系统划分了江淮梅雨的强降水过程,揭示了异常丰梅年降水过程的群发性、反复性和极端性特征,着重探讨了影响江淮梅雨的西风带系统,包括副热带西风急流和阻塞高压对江淮梅雨的影响,进一步充实了江淮梅雨中期天气过程大尺度关键环流系统的天气学概念模型、影响机理的动力热力作用机制,提取了对江淮梅雨降水中期预报有指示意义的关键环流系统的低频信号和预报指标;由中国气象局预报与网络司金荣花,国家气象中心李勇、张芳华、周宁芳、张博、曹勇、黄威、宫宇,成都信息工程大学龙晴柔、刘思佳、杨宁、孙晓晴、魏薇等执笔撰写。第3章是华北夏季暴雨中期过程及其预报方法,建立了华北持续性强降雨和极端暴雨事件的物理概念模型,提取了对华北持续性强降雨事件有指示意义的中期预报环流指标;由中国气象科学研究院孙继松,北京市气象局张琳娜、周璇、雷蕾、纪彬、荆浩、戴翼执笔撰写。第4章是持续性高温天气动力统计中期预报方法,介绍了典型持续高温事件的环流异常类型及前期气候成因机制,研发了持续性高温天气过程的中期动力与统计相结合的客观预测方法;由国家气候中心韩荣青、丁婷、聂羽、袁媛执笔撰写。全书由金荣花统稿,张博编排和校对。

感谢国家科技支撑计划和国家自然科学基金提供的资助;感谢课题承担单位国家气象中心对研究工作和本书出版给予的支持;特别感谢在本书撰写过程中,国家气候中心李维京研究员的技术指导和帮助,气象出版社张斌副总编辑的修改意见和建议;感谢参与其中部分研究工作的我的一些研究生的贡献;本书参阅了已有研究成果,在此一并表示衷心感谢。

我国夏季典型雨季持续性降水过程和高温灾害事件,是由非常复杂的多尺度系统相互作用形成的,本书聚焦中期大尺度过程和天气尺度的作用及其影响机制进行了有限的探索,在形成机理的复杂性、系统性方面还有待进一步深入和充实,也希望得到专家和学者的批评指正。

金荣花

2021年3月7日

目 录

华南前汛期持续性强降水过程的成因和中期预报方法

我国位于亚洲大陆东部,受典型的季风气候影响,雨带的季节性分布特征显著。每年的4—6月为华南前汛期,这是每年夏季风暴发之后,我国东部地区出现的第一个雨季。前汛期,华南地区降水量占全年降水量的40%～50%甚至更多,是华南地区最主要的汛期。因此每年进入前汛期之后,往往会有一些地区遭受不同程度的洪涝灾害,如1998年6月、2005年6月、2015年5月在福建、广东、广西等地都发生了影响范围广、经济损失严重的暴雨洪涝灾害。对华南前汛期降水强度、持续性强降水过程及起止早晚进行研究,对于华南前汛期中期至季节尺度的预测有重要意义,同时也对我国工农业生产和人民生活有重大意义。

东亚地区的雨季一般随着南海夏季风的暴发到来,并随其撤退而结束(Ding Y H et al.,2005)。然而,华南前汛期却通常在4月初就已经开始,这一时间远远早于5月4候左右的南海夏季风平均暴发时间(李崇银 等,2000)。这是因为早在4月初,华南地区的降水就明显增加并进入了降水集中期(任珂 等,2010;伍红雨 等,2015),但此时的夏季风环流形势还没有真正建立,大气环流表现出由冬到夏的过渡形势:南亚高压的中心位于菲律宾以东的洋面上,华南地区对流层上层为平直的西风气流,西太平洋副热带高压(简称"副高")控制南海地区,华南地区的大气层结稳定(陈隆勋 等,1991b)。随着5月4候左右南海夏季风的暴发,夏季风的环流形势才真正建立,南亚高压的中心北移至青藏高原东南部,华南地区的对流层大气高层由东风气流控制,副高东移撤出南海地区,索马里越赤道气流大大增强并经孟加拉湾和中南半岛向华南输送大量暖湿气流,华南地区的大气层结不稳定性大大增加(陈隆勋 等,1991b;池艳珍 等,2005;郑彬 等,2006)。随着环流特征的转变,南海夏季风暴发之前和之后两个阶段的前汛期降水过程也表现出明显不同的特征:季风暴发前,华南地区的降水过程主要由北方南下的冷空气和副高西侧的暖湿气流交汇所引发,这类降水强度不大,主要呈现出锋面降水的性质;而季风暴发后,华南地区的降水过程主要由大气层结不稳定所造成的对流引发,这类降水的强度较前一阶段明显增加,并伴有频繁的暴雨过程,主要呈现出季风降水的性质(华南前汛期暴雨文集编辑组,1982;陈隆勋 等,1991b;Yuan et al.,2010;徐明 等,2016)。由此可见,南海夏季风暴发之前和之后华南前汛期降水过程的性质有本质差异,这使得将华南前汛期的降水过程作为一个整体来进行研究有可能掩盖其真正的形成机制和变异成因。因此,将华南前汛期划分为南海夏季风暴发之前和之后两个阶段并针对两个阶段持续性强降水过程及其变异进行对比研究,不仅有助于更好地把握华南地区前汛期持续性强降水过程的特征和规律,而且有助于从本质上揭示持续性强降水过程的形成机制及其变异成因。

已有的研究工作基本都是将前汛期作为一个整体来研究其降水过程的特征、机制和变异成因,这就使得在揭示前汛期降水过程及其变异机制时可能得到一些不同甚至相左的结论。考虑到华南前汛期降水的性质在南海夏季风暴发前后发生了显著变化,因此,非常有必要将华南前汛期划分为锋面降水阶段和夏季风降水阶段两个部分,并针对这两个阶段研究其降水过程的形成机制和变异成因,从而能够更清晰地揭示华南前汛期降水过程的形成机制及其在中期尺度上变异的物理机制。需要注意的是,以往关于华南前汛期降水变异的研究大都是选取某几个固定月份(一般用4—6月或4—5月)作为前汛期来展开分析。然而,华南前汛期每年开始和结束的时间也存在很大变化,例如,前汛期的开始时间最早可以在3月上旬,最晚则可以到5月中旬(强学民 等,2008)。因此,用固定的时间段来代表前汛期很可能无法准确地抓住前汛期降水变异的特征和机制。近年来,随着高时空分辨率降水和大气环流资料的出现,人们已经可以得到每年前汛期的起止时间以及前汛期的降水量,从而能够更加准确地表征前汛期的降水、环流等特征(郑彬 等,2006;强学民 等,2008;丁菊丽 等,2009)。本章主要基于华南前汛期的起止日期,通过提取每年准确对应于南海夏季风暴发之前和之后前汛期两个时段,针对这两个阶段中各自持续性强降水过程的特征、规律及环流成因等进行分析,从而深刻揭示华南前汛期持续性强降水过程的特征和形成机制,并给出前汛期持续性强降水过程的中期预报因子。

此外,针对前汛期开始时间早晚的特征和成因分析有助于进一步了解前汛期的变化规律,并能够为前汛期的中期预报提供重要依据。然而,已有研究都是利用月平均环流资料,对于前汛期开始早晚之前春季或者冬季环流特征进行分析(强学民 等,2013;伍红雨 等,2015)。事实上,华南前汛期的开始时间有很大的年际差异,月平均的环流资料并不足以反映相应的大气环流演变特征,也不能揭示华南前汛期起始早晚所对应的中期尺度大气环流特征。因此,首次利用逐日的再分析环流资料,详细分析前汛期开始时间早晚不同情况下的大气环流演变特征,所得结论能够为前汛期开始早晚的中期尺度预测提供重要参考依据。

1.1 资料和方法

1.1.1 资料

本章工作所用到的数据包括：

(1)中国气象局国家气象信息中心收集整理的我国 2479 站逐日降水资料(中国地面气象要素日值数据集,1961—2019 年)；

(2)美国气象环境预报中心和美国国家大气研究中心(NCEP/NCAR)联合制作的逐日再分析大气环流资料(1948—2019 年),数据水平分辨率为 2.5°×2.5°,垂直方向从 1000～10 hPa共分 17 层,用到了该套数据的位势高度场、水平风场、气温场、垂直速度场等；

(3)国家气候中心二代大气模式(BCC_AGCM2.2)对未来 45 d 的 5 d 滑动平均预报结果,该模式数据水平分辨率为 1.0°×1.0°。

1.1.2 方法

本章工作中所用的华南前汛期起止日期的监测标准参照中国气象局 2013 年发布的《华南前汛期监测业务规定(试行)》。依据该业务规定,福建、广东、广西和海南四省(区)共 261 个站点被选为监测对象,华南前汛期开始日期的定义参照如下标准：

(1)3 月 1 日起,广东或广西某监测站出现日降水量≥38.0 mm 降水,则认为该日为该监测站前汛期开始日期；全省(区)累计前汛期开始站点达到省(区)内监测站点的 50%(或以上),且达到标准的当日及前 1 日(48 h 内)全省(区)共有 10%以上站点的日降水量≥38.0 mm,则将该日作为本省(区)前汛期开始日期。

4 月 1 日起,福建或海南某监测站出现日降水量≥38.0 mm 降水,则认为该日为该监测站前汛期开始日期；全省累计前汛期开始站点达到省内监测站点的 50%(或以上),且达到标准的当日及前 1 日(48 h 内)全省共有 10%以上站点的日降水量≥38.0 mm,则将该日作为本省前汛期开始日期。

(2)以广东、广西、福建、海南四省(区)中前汛期的最早开始日期作为华南前汛期开始日期。

华南前汛期结束日期的定义则依据区域内大部分监测站的降水减弱或中断以及副高位置等条件,具体标准如下：

(1)自 6 月 1 日起,华南地区连续 5 d 区域平均(监测区 261 个代表站平均)的日降水量

$<7.0\ mm$。

(2)日降水量$\geqslant 38.0\ mm$的华南地区监测站数量连续 5 d 少于总站数的 5%。

(3)连续 5 d 副高脊线位置维持在 22°N 以北。

满足上述三个条件后,以华南区域平均的日降水量$<7.0\ mm$的第一天作为前汛期中断日,如果有若干个中断日,则以最接近 6 月 30 日的中断日作为华南前汛期结束日期。

在定义华南前汛期持续性强降水过程时使用了旋转经验正交函数(REOF)的方法(Horel,1981)。该方法是在经验正交分解(EOF)的基础上再对方差做最大正交旋转,这种旋转保证参加旋转的几个成分所表示出的场的方差之和在旋转前后保持不变,因此保留了传统 EOF 分析浓缩场主要信息的功能,同时旋转后更具有描述场的局地特征的能力,因此比传统 EOF 更加适用于根据降水特征对华南地区进行分区。

关于前汛期持续性强降水过程和起始时间早晚的环流分析主要利用合成分析的方法,分别计算了前汛期降水量典型偏多和偏少、开始时间典型偏早和偏晚的情况下 100 hPa 位势高度场、200 hPa 风场、500 hPa 位势高度场和 850 hPa 风场等环流要素演变的差异,并给出差值的显著性 t 检验结果。对于南海夏季风暴发之前和之后两个阶段来说,总降水量与持续性强降水过程有很好的对应关系,总降水量偏多(少)对应降水过程偏多(少),因此根据 1981—2018 年标准化的前汛期第一阶段总降水量,以 0.7 个标准差来划分,可以分别选出持续性强降水过程次数偏多年份(1981、1982、1983、1987、1989、1992、2014 和 2016 年)和偏少年份(1986、1991、1994、1995、2006、2008、2011、2015 和 2017 年),同时根据第二阶段总降水量,可以选出该阶段持续性强降水过程次数偏多年份(1986、1992、1994、1997、1998、2008 和 2017 年)和偏少年份(1987、1988、1989、1991、1999、2014 和 2018 年),进行合成分析。此外根据 1981—2018 年标准化的前汛期开始时间序列,参照 0.7 个标准差可以划分出 11 个典型开始偏晚年(1986、1991、1993、1994、1995、1999、2008、2011、2015、2017 和 2018 年)和 7 个典型开始偏早年(1981、1983、1987、2002、2006、2009 和 2016 年),用以进行合成分析。

此外,在分析前汛期持续性强降水过程的形成机制时,用到了 Omega 方程诊断的方法,这一方法是在之前研究(Kosaka et al.,2011;Hu et al. 2017)的基础上,增加了非绝热加热对垂直运动的作用,即

$$
\omega' = \left(\nabla^2 + \frac{f^2}{\sigma}\frac{\partial^2}{\partial p^2}\right)^{-1}\frac{f}{\sigma}\frac{\partial}{\partial p}[\overline{\boldsymbol{v}}\cdot\nabla\zeta' + \boldsymbol{v}'\cdot\nabla(f+\overline{\zeta})] +
$$
$$
\left(\nabla^2 + \frac{f^2}{\sigma}\frac{\partial^2}{\partial p^2}\right)^{-1}\frac{R}{\sigma p}\nabla^2(\overline{\boldsymbol{v}}\cdot\nabla T' + \boldsymbol{v}'\cdot\nabla\overline{T}) -
$$
$$
\left(\nabla^2 + \frac{f^2}{\sigma}\frac{\partial^2}{\partial p^2}\right)^{-1}\frac{R}{\sigma p}\nabla^2 Q'
$$
$$
= \omega'_{dyn} + \omega'_{therm} + \omega'_Q \tag{1.1}
$$

式中,带上横线的变量表示气候平均值,大写字母表示前汛期期间变量的异常值,f 为科里奥利参数,V 为水平风矢量,ζ 为相对涡度的垂直分量。$\sigma = R/p[(RT/c_pP) - (\partial T/\partial P)]$ 为背景场的静力稳定度,$R = 287 \text{ J} \cdot \text{kg}^{-1} \cdot \text{K}^{-1}$ 为干空气的气体含量,$c_p = 1004 \text{ J} \cdot \text{kg}^{-1} \cdot \text{K}^{-1}$ 表示恒定气压下干空气的热含量,Q 为非绝热加热率。ω'_{dyn}、ω'_{therm} 和 ω'_Q 分别表示水平动量垂直分布不均匀引起的垂直速度、水平温度平流引起的垂直速度和非绝热加热对垂直速度的贡献。

此外,在建立前汛期降水客观预报模型时,用到了非滤波—时空间投影建模(STPM)的方法(Hsu et al.,2015;Zhu et al.,2015)。STPM 方法主要是利用奇异值分解(SVD)的方法针对前期大气环流场与后期降水场进行分解,并通过变形建立用降水主模态和环流主分量来反算降水场的方程,从而给出针对降水场预报的客观预报模型。本章通过对持续性强降水过程环流特征进行诊断分析,选择对降水影响最直接和显著的关键区 850 hPa 纬向风场与华南地区降水进行建模,从而建立华南前汛期降水的客观预报模型。

1.2　华南前汛期持续性强降水过程的定义和特征

本节将首先给出华南前汛期的基本特征量(起止时间、长度和强度)的历史序列及特征。其次,利用南海夏季风开始时间,给出南海夏季风暴发前后华南前汛期两个阶段的划分及历史序列。最后,给出华南前汛期持续性强降水过程的定义及其特征。

1.2.1　华南前汛期起止时间、长度和强度的定义和特征

根据《华南前汛期监测业务规定(试行)》,利用华南地区 261 个站点的逐日降水量计算出每年华南前汛期开始时间、结束时间以及前汛期持续长度(图 1.1a~b),并将每年开始和结束之间的累积降水量作为反映前汛期降水总体强度的指标(图 1.1c)。结果显示,前汛期平均开始时间是 4 月 6 日,年际差异大,最早可在 3 月 1 日开始(1983 年),最晚在 5 月 30 日开始(2015 年);平均结束时间是 7 月 4 日,最早在 6 月 15 日结束(2001 年),最晚在 7 月 31 日结束(2004 年);平均长度 92 d,平均降水量 734 mm。

1.2.2　南海夏季风暴发前后华南前汛期两个阶段的划分及其特征

根据何金海等(2001)的标准计算出南海夏季风暴发日期的历史序列(图 1.2),根据每年前汛期开始、结束时间以及南海夏季风暴发的时间,可以将每年华南前汛期划分为夏季风暴发之前的第 1 阶段和夏季风暴发之后的第 2 阶段。

平均而言,前汛期第 1 阶段持续时间为 46 d,第 2 阶段持续时间为 44 d,两个阶段的持续

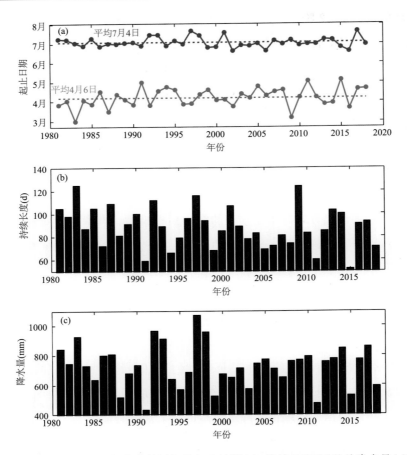

图 1.1　1981—2018 年华南前汛期的起止日期(a)、持续长度(b)及总降水量(c)

时间都表现出非常明显的年际变异特征(图 1.2b)。分别计算第 1 阶段和第 2 阶段华南区域的平均降水量,则可以得到第 1 阶段和第 2 阶段的总降水量(图 1.3),第 1 阶段平均总降水量为 312 mm,第 2 阶段平均总降水量为 422 mm,明显多于第 1 阶段。第 1 阶段和第 2 阶段降水量与整个前汛期总降水量的相关系数分别为 0.56 和 0.50(1981—2018 年),说明两个阶段水量对于前汛期总降水量的年际变异都有明显的贡献,方差贡献分别约为 31% 和 25%。然而第 1 阶段和第 2 阶段降水的年际相关系数为 −0.44(1981—2018 年,超过 99% 的置信水平),说明两个阶段降水存在相反的年际变化特征,也说明两个阶段降水变异的成因可能存在明显的不同。

　　除了前汛期两个阶段降水量的总体特征,本节也分析了两个阶段日降水强度的特征。两个阶段日降水量的概率密度分布曲线(图 1.4a)显示,较强的日降水(大于 10 mm)更容易出现在第 2 阶段。将两个阶段的日降水量按照不同大小分为两组,计算不同区间的日降水量在两个阶段发生的概率,并给出第 2 阶段与第 1 阶段概率的比值(图 1.4b),可以看到,对于日降水量小于 10 mm 的情况,第 2 阶段与第 1 阶段发生概率的比值小于 1,说明第 2 阶段出现小于 10 mm 日降水量的概率要小于第 1 阶段。但对于 10 mm 以上的日降水量而言,在第 2 阶段发生的概率则明显大于第 1 阶段,而且两个阶段概率的比值随着降水量的增大而明显增大,日降水量大于 50 mm 的情况在第 2 阶段中发生的概率是第 1 阶段的 2 倍,而大于 100 mm 的情况在第 2 阶段中发生的概率则是第 1 阶段的 3 倍多。

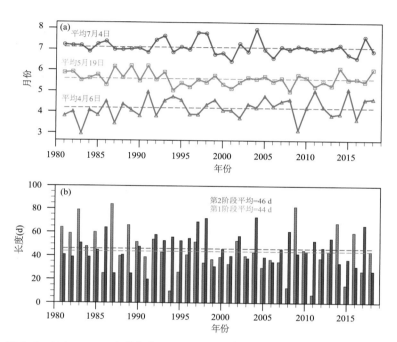

图 1.2　1981—2018 年前汛期开始、南海夏季风开始和前汛期结束时间(a)
以及前汛期两个阶段长度的历史序列(b)

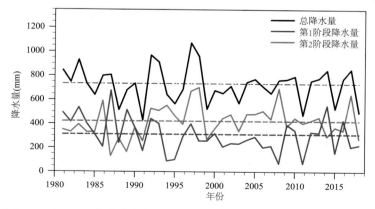

图 1.3　1981—2018 年华南前汛期总降水量(黑线)、第 1 阶段降水量(蓝线)和
第 2 阶段降水量(红线)历史序列

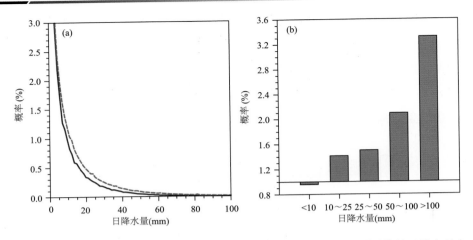

图 1.4　华南前汛期两个阶段日降水量的概率密度分布曲线(a)和不同量值的日降水量在
第 2 阶段发生概率与在第 1 阶段发生概率的比值(b)
(图 a 中蓝线表示第 1 阶段、红线表示第 2 阶段)

1.2.3　华南前汛期持续性强降水过程的定义和特征

利用旋转 EOF 的方法,对华南地区前汛期前后(3 月 1 日—7 月 31 日)的逐日降水进行分解,所得的前 6 个主模态(图 1.5)分别反映不同的空间分布型:第 1 模态主要反映华南地区东南部降水的变化,第 2 模态主要反映华南地区中部(广东)与东部和西部相反的变化,第 3 模态反映东北部(福建)降水的变化,第 4 模态反映西北部(广西北部)降水的变化,第 5 模态反映西部(广西)和中东部(海南、广东和福建)相反的变化,第 6 模态反映华南地区南(广西南部、广东南部和海南)北(广西中北部、广东中北部和福建)相反的变化。根据前 6 个模态反映的主要特征,将华南地区划分为 5 个分区(图 1.6),并根据每个分区的区域平均逐日降水量,选出连续 3 d(或 3 d 以上)日降水量大于或等于 25 mm 定义为一次持续性强降水过程。按照上述定义,共选出 1961—2018 年共 84 次持续性强降水过程(表 1.1)。

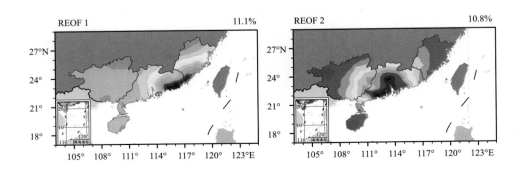

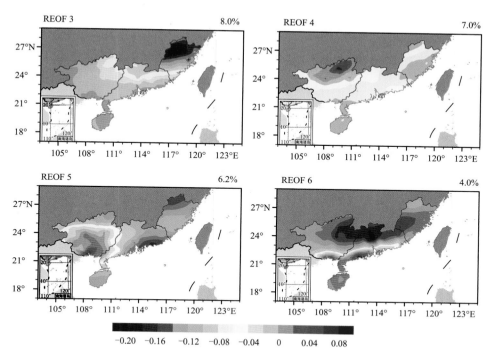

图 1.5　华南地区逐日降水(3 月 1 日—7 月 31 日)旋转 EOF 分析的前 6 个主模态

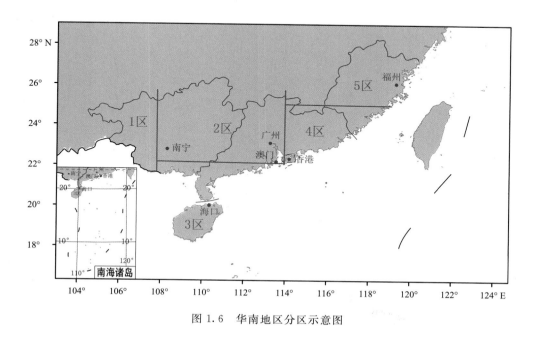

图 1.6　华南地区分区示意图

表 1.1　华南地区持续性强降水过程历史数据库（1961—2018 年）

年份	开始月日 （月.日）	持续天数（d）	最大日降水量 （0.1 mm）	平均日降水量 （0.1 mm）	分区
1961	3.23	3	352	334	5
1961	5.31	3	606	549	5
1961	6.10	3	361	331	2
1962	5.25	3	342	299	5
1963	6.15	4	720	414	5
1964	6.12	4	500	366	5
1964	6.12	3	433	318	2
1965	6.15	3	632	460	4
1965	6.27	3	394	363	4
1966	6.11	4	580	355	4
1966	6.20	3	603	484	4
1966	7.01	3	371	312	2
1968	6.09	6	688	529	4
1968	6.15	5	689	455	5
1970	6.26	3	382	356	2
1970	6.26	4	379	357	1
1971	5.29	3	867	530	3
1971	6.06	4	623	473	4
1972	6.15	3	717	497	4
1972	7.13	3	351	328	5
1973	5.07	3	714	408	4
1974	6.12	3	686	481	3
1976	6.01	3	715	573	4
1977	5.27	6	492	359	4
1977	6.25	3	275	268	2
1978	5.16	3	400	379	2
1980	3.06	3	449	352	5
1980	4.21	4	894	463	4
1981	4.06	3	382	370	5
1981	6.29	3	504	477	2
1981	7.22	3	507	409	3

续表

年份	开始月日 （月.日）	持续天数（d）	最大日降水量 （0.1 mm）	平均日降水量 （0.1 mm）	分区
1981	7.22	4	467	330	2
1981	7.24	4	496	372	4
1983	4.07	3	708	448	4
1983	6.17	3	852	679	4
1984	5.16	3	428	351	4
1985	6.24	3	1016	669	4
1986	3.14	3	296	272	5
1987	5.20	3	788	597	4
1991	6.25	3	800	620	4
1992	3.26	3	637	501	4
1992	6.07	3	450	381	4
1992	7.05	3	788	536	5
1992	7.06	3	533	427	4
1994	6.08	3	843	651	3
1994	6.13	5	489	385	2
1994	6.17	4	526	411	5
1994	7.04	3	399	370	3
1994	7.17	3	382	346	1
1994	7.18	4	427	377	3
1995	6.06	3	395	348	3
1995	6.15	3	579	429	5
1996	5.28	3	438	343	4
1996	5.30	3	278	265	5
1997	6.22	4	470	354	5
1997	7.03	4	333	292	2
1998	3.07	3	422	319	5
1998	6.19	4	317	288	2
1998	6.19	4	541	410	5
1998	7.02	3	507	437	3
1999	5.24	3	686	486	5
2000	6.10	3	654	551	5

年份	开始月日 （月.日）	持续天数(d)	最大日降水量 （0.1 mm）	平均日降水量 （0.1 mm）	分区
2000	7.17	3	609	521	4
2001	7.01	3	825	543	3
2002	6.14	5	571	463	5
2004	7.27	3	408	349	4
2005	5.12	4	469	344	5
2005	6.06	3	311	288	3
2005	6.18	5	537	459	5
2005	6.19	3	388	317	2
2005	6.21	4	695	455	4
2006	3.23	4	419	326	4
2006	6.05	4	532	449	5
2006	7.14	4	1316	714	4
2006	7.14	3	536	469	5
2006	7.15	3	664	479	2
2006	7.25	3	668	448	4
2007	6.07	4	634	546	4
2008	6.12	3	1091	775	4
2008	7.28	3	720	490	5
2013	5.19	4	629	409	4
2013	7.26	3	467	434	3
2014	4.24	3	330	292	5
2017	6.14	4	444	380	4

分别统计前汛期两个阶段总降水量偏多、偏少年持续性强降水过程发生频次的特征（图1.7），结果显示，在第 1 阶段，总降水量偏多的情况下平均有 0.7 次持续性强降水过程发生，而在偏少的情况下平均只有 0.1 次过程；在第 2 阶段，总降水量偏多的情况下平均有 2.6 次持续性强降水过程发生，而降水总量偏少的情况下平均只有 0.2 次。这说明无论对于前汛期第 1 阶段还是第 2 阶段，持续性强降水过程与该阶段降水总量有很好的对应关系，在降水总量偏多的情况下，往往对应着持续性强降水过程的出现或偏多，而在降水总量偏少的情况下，往往并没有持续性强降水过程的发生。这也就意味着，持续性强降水过程的发生或者偏多会导致降水总量偏多。此外，从这个结果也可以清楚地看到，无论在降水总量偏多还是偏少的情况

下,第 2 阶段出现持续性强降水过程的可能性要明显大于第 1 阶段。鉴于两个阶段总降水量和持续性强降水过程之间这种很好的对应关系,接下来的内容将分别针对两个阶段降水总量偏多、偏少年份的前汛期时段中期天气学特征及其变异的物理机制进行诊断分析,所揭示的天气学特征和物理机制也可以反映两个阶段持续性强降水过程发生的天气学成因和变异机制。

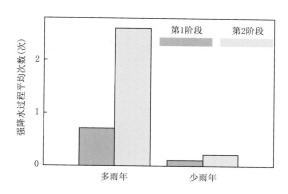

图 1.7　华南前汛期两个阶段多/少雨年持续性强降水过程的平均次数

1.3　华南前汛期持续性强降水过程的形成机制及中期预报因子

本节主要通过对比分析夏季风暴发前后华南前汛期两个阶段的基本大气热力、动力特征,以及持续性强降水过程发生时的大气热力、动力特征,分析归纳前汛期持续性强降水过程的形成机制和中期天气学概念模型,并提炼适用于前汛期持续性强降水过程的中期预报因子。

1.3.1　华南前汛期两阶段持续性强降水过程对应的大气环流形势

在南海夏季风暴发之后,东亚地区大气环流场会发生非常明显的转变。在季风暴发之前,从 200 hPa 水平风场(图 1.8a)可以看到,南亚高压中心位于中南半岛上空,副热带高空急流轴位于 30°N 附近;在对流层中低层,副高控制南海地区,其西北侧的西南气流控制着我国华南地区(图 1.8c)。而在夏季风暴发之后,南亚高压中心向西向北移至青藏高原上空,副热带高空急流轴也北移至 40°N 附近(图 1.8b);同时,在对流层中低层副高向东撤出南海,西南季风控制阿拉伯海、孟加拉湾至南海和华南地区。此外,从两个阶段 850 hPa 大气的假相当位温分布(图 1.9)来看,夏季风暴发之后的第 2 阶段华南地区大气明显变得更暖、更湿,更有利于持续性强降水过程发生。由此可见,在南海夏季风暴发之前的前汛期第 1 阶段和之后的第 2 阶段,东亚对流层大气基本气流的动力、热力特性就存在着非常明显的差异,这也意味着影响两个阶段降水过程的环流成因也很可能是不同的。

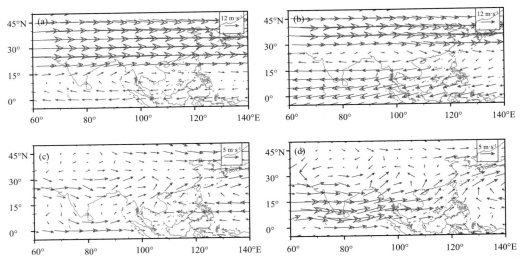

图 1.8　前汛期第 1 阶段 200 hPa(a)、850 hPa(c)和第 2 阶段 200 hPa(b)、850 hPa(d)气候平均水平风场

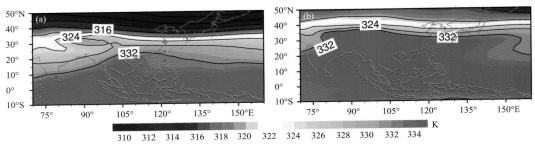

图 1.9　前汛期第 1 阶段(a)和第 2 阶段(b)气候平均假相当位温场

对于前汛期第 1 阶段来说,在有持续性强降水过程发生时,500 hPa 副高的强度和850 hPa低层风场都表现出明显的异常特征。图 1.10c 给出了前汛期第 1 阶段降水量偏多、偏少年500 hPa 高度场的差异,由于持续性降水过程的发生和总雨量存在很好的对应关系,因此这张合成图也反映了有持续性强降水过程发生和没有持续性强降水过程发生时的高度场和副高的异常特征。可以看到,当副高面积偏大即强度偏强时,有利于持续性强降水过程的出现,而副高的南北位置并没有明显的差异。从副高指数的合成(图 1.11a、c)可以更清楚地看到,在降水偏多/有持续性强降水出现的情况下,3—4 月的副高明显强于降水偏少/无持续性强降水出现的情况,而副高脊线位置指数的差异并不明显。相应于副高强度的差异,在 850 hPa 风场(图 1.10e)可以看到,当南海至华南地区的西南风加强/减弱时,有利于持续性强降水过程的出现。除此之外,高原南侧的西风异常和东亚中纬度地区的东北风异常也表现出显著差异,说明这两个区域的风场异常对于降水过程可能也有显著影响。总的来说,当副高西北侧的西南风加强、高原南侧的西风加强和中纬度东北风加强时,华南地区更易出现辐合上升形势(图

1.13a),有利于持续性强降水过程的出现和这一阶段降水总量的增多;反之,则不利于持续性强降水过程的出现。

对于前汛期第 2 阶段来说,对流层上层高原附近的反气旋、副高南北位置和西南季风都对持续性强降水过程的出现有重要的作用。当这一阶段降水偏多/有持续性强降水过程出现时,200 hPa 风场上(图 1.10a)东亚中纬度地区存在一个显著的气旋式环流,意味着南亚高压和东亚副热带高空急流位置都较平均状况(图 1.8a)更偏南。在 500 hPa 上,副高的强度虽然并没有表现出明显的差异,但副高脊线南北位置的差异是明显的,当副高脊线位置偏南时有利于持续性强降水过程的出现。从副高指数的合成图(图 1.11b、d)也可以看到,对于前汛期第 2 阶段,副高脊线的南北位置(5 月中旬—6 月上旬)表现出很明显的差异,而副高强度指数的差异并不明显。在对流层低层 850 hPa 风场上可以看到,从孟加拉湾北上的西南季风显著偏弱/偏强,而对应于副高脊线南北位置的变化在南海附近存在一个异常反气旋/气旋(图 1.10f),反气旋/气旋西北侧的异常西南风/东北风有利于华南地区的暖平流加强/减弱,同时也有利于从南海输向华南地区的水汽增加/减少(图 1.12b)。总的来说,当对流层上层高原附近反气旋偏

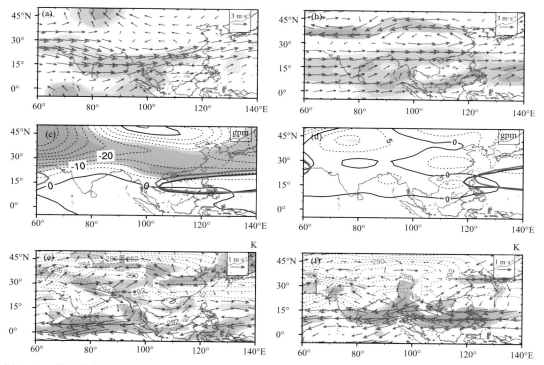

图 1.10　第 1 阶段降水量偏多、偏少年 200 hPa 水平风场(a)、500 hPa 位势高度场(c)以及 850 hPa 水平风场和温度场(e)的差值合成,(b)(d)(f)分别与(a)(c)(e)相类似,为第 2 阶段的合成结果(图中深、中和浅色阴影分别表示超过 99%、95% 和 90% 置信水平的区域,图 c 和 d 中蓝色和红色实线分别表示降水偏多和偏少年 500 hPa 等压面上 5870 gpm 等值线的平均位置)

南、500 hPa副高偏南、西南季风偏弱,即对流层上层反气旋、副高和西南季风进程总体偏晚时,南海地区局地西南风加强,华南地区上升运动加强(图1.13b),从而有利于持续性强降水过程的出现;反之则不利于持续性强降水过程的出现。

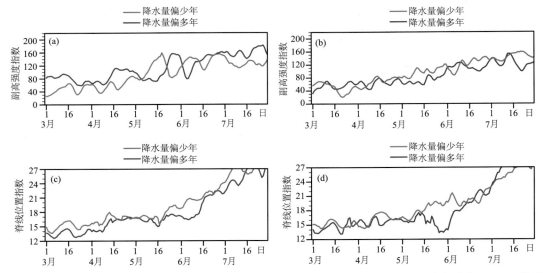

图1.11 第1阶段降水量偏多、偏少年副高强度指数(a)和脊线位置指数(c)随时间演变曲线,(b)(d)分别与(a)(c)类似,为第2阶段副高指数的逐日演变情况

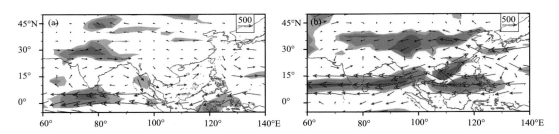

图1.12 华南前汛期第1阶段(a)、第2阶段(b)降水量偏多、偏少年整层水汽积分通量(kg·m⁻¹·s⁻¹)的差值(图中深、中和浅色阴影分别表示超过99%、95%和90%置信水平的区域)

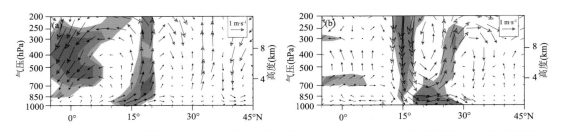

图1.13 前汛期第1阶段(a)和第2阶段(b)降水偏多、偏少年(110°~120°E)平均纬向—垂直速度的差值合成(图中深、中和浅色阴影分别表示超过99%、95%和90%置信水平的区域)

1.3.2　华南前汛期两阶段持续性降水过程出现成因的动力诊断

为了进一步分析导致前汛期两个阶段异常上升运动及强降水过程出现的具体原因,针对两个阶段的环流特征,利用 Omega 方程将垂直速度分解为来源于水平涡度垂直变化贡献的动力作用项、来源于温度平流垂直变化贡献的热力作用项和来源于潜热释放垂直变化贡献的非绝热加热三项。结果显示,对于前汛期第 1 阶段来说,对华南地区上升运动贡献最大的是非绝热加热项,即潜热释放项(图 1.14d),这也反映出之前所揭示的降水与垂直运动之间的正反馈作用(Gu et al. ,2018)在第 1 阶段是明显的。其次,动力作用项(图 1.14b)在华南地区也有一个明显的负值中心,且其数值明显强于热力作用项在华南地区的贡献(图 1.14c),这说明动力作用对于第 1 阶段异常垂直运动的产生可能起到关键的触发作用,从而引起降水与垂直运动之间的正反馈作用,有利于持续性强降水过程出现。在分析降水对应的大气环流特征时发现,副高西北侧的西南风、高原南侧的西风和东亚中纬度的东北风都是影响这一阶段降水的关键环流因子,Omega 方程的诊断结果则说明,上述环流因子会引起水平涡度在垂直方向上的不均匀,从而导致异常垂直运动的出现。第 1 阶段降水异常所对应的涡动动量输送合成图(图1.16a)也显示,涡动输送的主要路径分别来自副高西侧、高原南侧以及中纬度地区,恰好与上述三个关键环流因子的位置相吻合,进一步说明上述关键环流因子主要是通过动力作用来影响华南地区的垂直运动和降水。

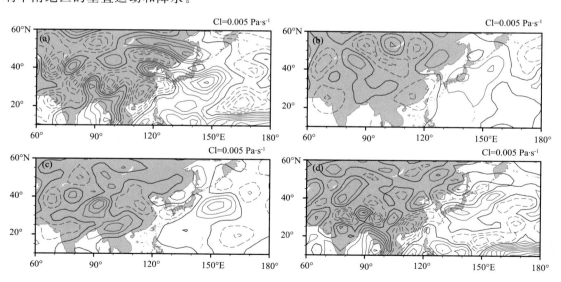

图 1.14　前汛期第 1 阶段降水偏多、偏少年垂直速度的差值合成(a)、动力作用对垂直速度的贡献(b)、

热力作用对垂直速度的贡献(c)和非绝热加热作用对垂直速度的贡献(d)

(Cl 表示等值线间隔,下同)

针对第 2 阶段的 Omega 方程诊断分析显示,华南地区垂直运动变率最大的贡献项为非绝热加热即潜热释放项(图 1.15d),这表明与第 1 阶段相类似,前汛期第 2 阶段的异常垂直运动也主要来源于非绝热加热。可见,无论对于前汛期哪一个阶段,降水和垂直运动之间的这种正反馈作用都是强降水过程出现的重要原因。不同的是,对于第 2 阶段来说动力作用项的贡献在华南地区非常小(图 1.15b),而热力作用项的贡献更为明显(图 1.15c)。在分析降水对应的大气环流特征时发现,副高西北侧的西南风是影响这一阶段降水的关键环流因子,而西南风有利于暖湿气流向华南地区输送,从而可以通过热力作用引起华南地区垂直运动的异常。在第 2 阶段降水所对应的涡动动量输送合成图(图 1.15b)上,华南附近并没有明显的信号,说明涡动动量输送对于第 2 阶段持续性强降水过程的出现并没有明显的作用,进一步说明与第 1 阶段不同,在第 2 阶段动力作用对垂直运动的贡献非常有限,热力作用对垂直运动的贡献可能起到更关键的作用。

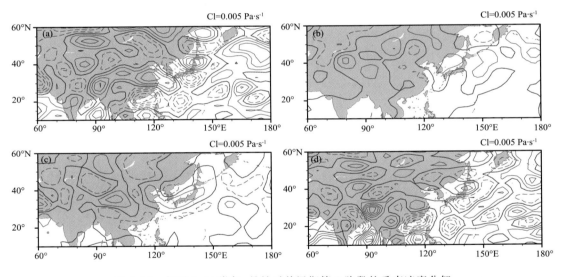

图 1.15　与图 1.14 类似,是针对前汛期第 2 阶段的垂直速度分解

通过以上分析可以看到,南海夏季风暴发前后前汛期两个阶段持续性强降水过程出现的成因存在明显不同。在季风暴发之前,影响降水的关键环流因子是高原南侧西风、东亚中纬度地区的东北风和副高强度(副高西侧西南风),上述因子主要通过动力作用(涡动输送)引起上升运动,并触发降水与垂直运动之间的正反馈作用,从而有利于持续性强降水过程的发生并有利于总降水量偏多。对于持续性强降水过程来说,适用于这一阶段的中期预报因子包括:东北亚冷涡、中纬度短波槽、高原南侧西风和副高强度。而在季风暴发之后,影响降水的关键环流因子主要是 200 hPa 反气旋的南北位置、副高脊线的南北位置和华南地区异常西南风,低层的异常西南风主要通过热力作用(暖平流)引起上升运动,从而触发降水—垂直运动正反馈,并有

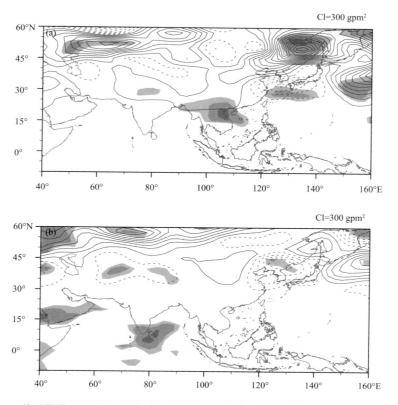

图 1.16　前汛期第 1 阶段(a)和第 2 阶段(b)降水偏多、偏少年涡动动量输送的差值合成

(图中深、中和浅色阴影分别表示超过 99%、95% 和 90% 置信水平的区域)

利于持续性强降水过程的发生和总降水量偏多。适用于第 2 阶段持续性强降水过程的中期预报因子包括 200 hPa 反气旋的位置、西南季风的强度和副高的南北位置。

1.4　华南前汛期持续性强降水过程变异的成因

对于整个华南前汛期来说,平均每年有 1.5 次持续性强降水过程发生。就每年而言,持续性强降水过程出现的次数又表现出很明显的差异。以 0.5 个标准差来对前汛期总降水量进行划分,可以得到 9 个典型多雨年和 9 个典型少雨年(表 1.2)。从典型年份发生的持续性强降水过程来看,在多雨年平均有 2.3 次过程出现,而在少雨年,只有 0.8 次过程。由此可见,持续性强降水过程次数每年都有明显的变化,且其变化可以影响到前汛期降水总量的变化。本节主要针对降水过程偏多、偏少情况下的异常环流形势展开分析,给出影响持续性强降水过程次数变异的环流成因。

表 1.2　华南前汛期降水典型偏多年和偏少年及持续性强降水过程次数

偏多年		偏少年	
年份	次数（次）	年份	次数（次）
1981	5 次	1985	1 次
1983	2 次	1988	0 次
1986	1 次	1991	1 次
1987	1 次	1995	2 次
1992	4 次	1999	1 次
1993	0 次	2001	1 次
1997	2 次	2003	1 次
1998	4 次	2011	0 次
2014	2 次	2015	0 次

　　平均而言，在华南前汛期，200 hPa 高空西风急流位于 35°N 附近，而在 10°N 以南则以东风为主（图 1.17a）。中印半岛上空为一反气旋。从降水偏多和偏少年 200 hPa 风场差值图（图 1.17b）来看，高空西风急流和热带地区的盛行东风在降水偏多年比偏少年均有明显的减弱，在青藏高原东部存在异常的气旋式风场环流，意味着中印半岛上反气旋的减弱和南移，同时也

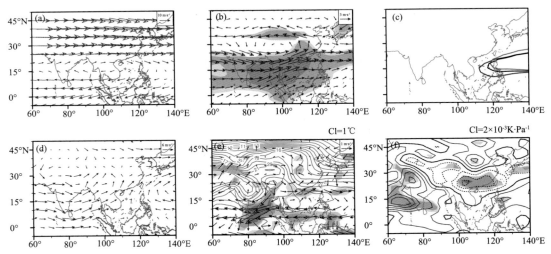

图 1.17　前汛期气候平均 200 hPa 风场（a），多雨年和少雨年 200 hPa 风场的差值合成（b），多雨年
（蓝线）、少雨年（红线）和平均情况下（黑线）500 hPa 上 5875 gpm 等值线（副高位置）（c），
前汛期气候平均 850 hPa 风场（d），多雨年和少雨年 850 hPa 风场的差值合成（矢量）及
气候平均等温线（e，红线），多雨年和少雨年 700 hPa 对流不稳定度的差值合成（f）
（图中深、中、浅色阴影分别表示超过 99%、95% 和 90% 置信水平的区域）

意味着反气旋的季节性北推较平均状况更为偏晚。与此同时,副高也表现出相应的变化,在降水偏多年,副高比降水偏少年更为偏西、偏南(图 1.17c),说明副高的季节性北推也较平均状况更为偏晚。相应于急流和副高的上述变化,在对流层低层 850 hPa 可以看到孟加拉湾附近存在显著的异常东北风(图 1.17d),说明夏季风总体偏弱,夏季风的这种特征与 200 hPa 反气旋和副高向北推进偏晚是对应的;同时也可以看到对流层低层在西太平洋附近存在异常的反气旋环流,在中印半岛和华南地区出现了异常西南风(图 1.17e),这支异常西南风加强了该地区气候平均的西南风。这样的风场异常可以通过两种途径影响华南地区的降水。第一,异常西南风有利于更多的水汽输送至华南地区(图 1.18),使得前汛期降水增多。第二,异常西南风可以导致异常的暖平流输向华南地区,尽管在整个对流层都可以看到暖湿平流增强的特征,但其在对流层低层要比中层和高层更强,而这种垂直分布的不均匀使得该地区的对流不稳定度加大(图 1.17f),从而有利于华南地区上升运动增强(图 1.19),为降水的增多提供有力的动力条件。

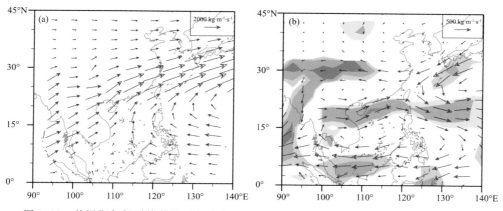

图 1.18　前汛期气候平均的整层积分水汽通量(a)和多雨年和少雨年水汽通量的差值(b)

(图中深、中、浅色阴影分别表示超过 99％、95％和 90％置信水平的区域)

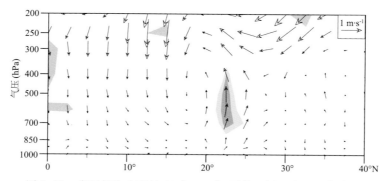

图 1.19　多雨年和少雨年 110°～120°E 平均经圈环流的差值合成

(图中深、中、浅色阴影分别表示超过 99％、95％和 90％置信水平的区域,垂直速度为原值扩大 500 倍)

由此可见,对于华南前汛期整体而言,当对流层上层反气旋位置偏南(向北推进偏晚)、副高控制南海地区(向北推进偏晚)、夏季风总体偏弱(进程偏晚)时,华南地区低层西南风加强,持续性强降水过程次数偏多,前汛期总降水偏多;反之,当对流层上层反气旋和副高向北推进偏早、夏季风进程偏早时,华南地区低层西南风减弱,持续性强降水过程次数偏少,前汛期总降水偏少。

1.5 华南前汛期开始时间早晚变异的成因和中期预报因子

前汛期开始时间的早晚不仅仅表示华南地区降水集中期开始的早晚,也在很大程度上预示着前汛期总降水量的多与少。从前汛期各个指标之间的相关系数来看,前汛期开始时间与总降水量显著相关,相关系数为 -0.52(1981—2018 年,超过 99% 的置信水平),说明当前汛期开始偏早时,前汛期总雨量往往偏多,反之,当前汛期开始偏晚时,前汛期总雨量往往偏少。相应地,前汛期持续长度与总雨量也表现出显著的正相关关系(相关系数为 0.67),即当前汛期持续时间偏长时,总雨量偏多,反正,当持续时间偏短时,总雨量偏少。

为了分析导致前汛期开始时间早晚的成因,对前汛期开始之前时段(3 月 1 日—4 月 10 日)的大气环流进行合成。图 1.20 显示了前汛期开始偏晚和偏早情况下逐候 200 hPa 风场的差值合成,可以看到,从 3 月初开始,对流层上层大气就开始出现显著的信号,主要特征为高原北部存在异常的反气旋式环流,该异常反气旋在 3 月 1—4 候和 4 月 1—2 候都很明显,意味着南亚高压向北推进偏快。相应地,在对流层大气低层也有显著的信号。从 500 hPa 高度场和850 hPa 风场的合成(图 1.21)来看,副高强度及其对应的低层风场表现出明显异常,副高总体面积偏小、强度偏弱,相应地华南地区的西南风减弱。也就是说,当南亚高压总体偏北(南)、向北推进偏快(慢),副高强度偏弱(强)、华南地区西南风减弱(加强)时,前汛期开始偏晚(早)。环流场上的上述显著异常信号都超前于前汛期开始时间。从 $110°\sim140°E$ 平均的 200 hPa 和850 hPa 的纬向风和经向风分量与前汛期开始时间的相关(图 1.22)可以更清楚地看到,200 hPa 纬向风场、850 hPa 纬向和经向风场上显著的信号早在 3 月上旬就开始出现,是远远超前于前汛期开始的平均时间(平均 4 月 6 日)的,说明上述显著的环流因子是适用于中期预报的。对于前汛期开始早晚来说,200 hPa 反气旋的强度和位置、副高的强度及低层局地西南风的异常都是适用的中期预报因子。当 200 hPa 反气旋总体偏强、偏南、向北推进偏晚,副高偏强、向北推进偏晚,华南地区西南风加强时,华南前汛期开始偏早;反之则意味着前汛期开始偏晚。

基于对前汛期开始早晚成因和中期预报因子的分析,接着对其进行了应用和评估。选择

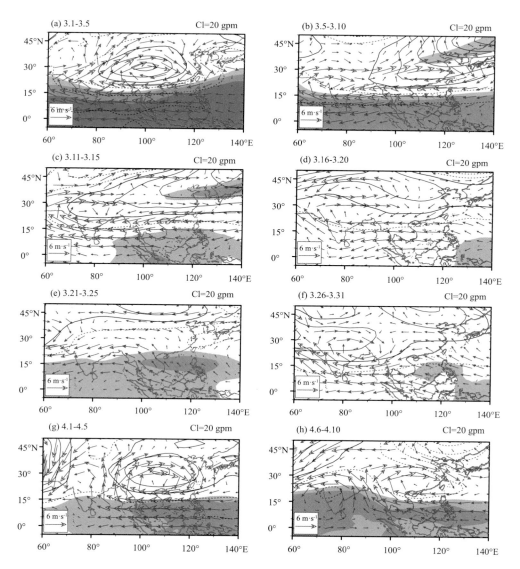

图 1.20　华南前汛期开始偏晚年和偏早年逐候 100 hPa 高度场和 200 hPa 风场的差值合成
（图中深、中、浅色阴影分别表示超过 99％、95％和 90％置信水平的区域）

对前汛期开始早晚有显著影响的大气环流要素（200 hPa 纬向风场、200 hPa 经向风场、500 hPa 高度场、850 hPa 纬向风场和 850 hPa 经向风场）的关键区域，利用美国气象环境预报中心和美国国家大气研究中心（NCEP/NCAR）联合制作的逐日再分析大气环流资料和国家气候中心二代大气模式（BCC_AGCM2.2）的预报数据，采用诊断—监测—预测一体化的方式提供关键影响系统、监测实况及模式对关键系统未来 45 d 预测的综合信息。通过该产品，预报员可以同时了解前汛期开始早晚的关键影响系统、关键系统的当前监测实况及模式预报情

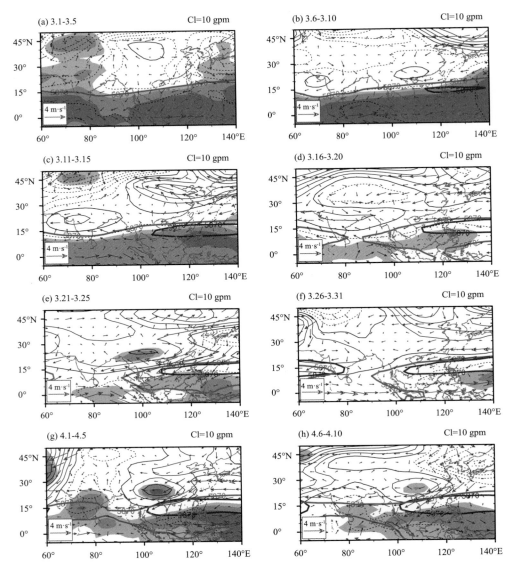

图 1.21　华南前汛期开始偏晚年和偏早年逐候 500 hPa 高度场和 850 hPa 风场的差值合成

（图中蓝线和红线分别表示偏晚和偏早年 500 hPa 平均 5870 gpm 等值线；深、中、浅色阴影分别表示
超过 99％、95％和 90％置信水平的区域）

况，从而方便在中期尺度上对前汛期开始早晚进行定性预测。图 1.23 给出了 2019 年 2 月底的 200 hPa 纬向风场的诊断—监测—预测实例，从图中可以看到，显著影响因子为 2 月底至 4 月中旬 0°～25°N 范围内的纬向风，纬向风增强（减弱）对应前汛期偏早（晚），从 2 月 26 日之前的监测实况可以看到，2 月下旬关键区域纬向风显示出增强的特征，而 2 月 28 日之后模式预报也显示在 3 月至 4 月初，关键区域纬向风依然有持续增强的特征，环流的这种特征有利于前

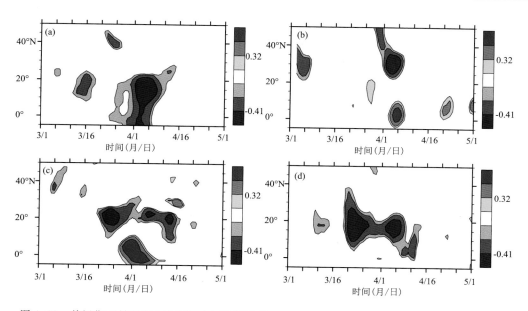

图 1.22　前汛期开始时间与 110°～140°E 平均的 200 hPa 纬向(a)和经向(b)、850 hPa 纬向(c)和经向(d)风的相关

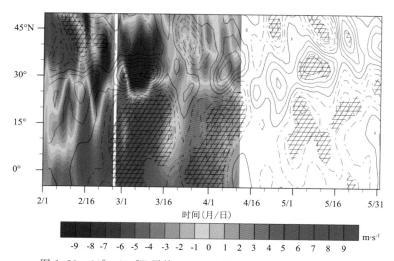

图 1.23　90°～140°E 平均 200 hPa 纬向风的监测、诊断和预测

(图中阴影表示 200 hPa 纬向风距平,起报日 2 月 26 日之前为监测实况、之后的为 BCC_AGCM2.2 对未来 45 d 的预测;等值线为前汛期开始偏晚、偏早年的 200 hPa 纬向风差值合成,斜线区域为差值合成超过 90%置信水平的区域)

汛期开始偏早。实况显示,2019 年前汛期于 3 月 8 日开始,较气候平均(4 月 6 日)明显偏早,预测与实况相吻合。

利用该方法对 2009—2019 年前汛期开始早晚进行了回报,结果显示,200 hPa 纬向风场(U200)、200 hPa 经向风场(V200)、500 hPa 高度场(H500)、850 hPa 纬向风场(U850)和 850 hPa 经向风场(V850)的诊断—监测—预测一体化产品总体可以在中期尺度上给出前汛期开始时间较为准确的定性预测(表 1.3)。总体来看,2009—2019 年,200 hPa 经向风场和 500 hPa 高度场的预报效果最好(正确率都为 70%),其次是 850 hPa 纬向风和经向风(正确率分别为 64%和 60%),200 hPa 纬向风场的预报准确率最低(55%)。超前 10 d 的预报效果与超前 15 d 相类似(表略)。

表 1.3 2009—2019 年前汛期开始早晚实况与预报(超前 15 d)

年份	实况	U200	V200	H500	U850	V850
2009	偏早	×	√	×	×	√
2010	偏晚	×	√	×	√	×
2011	偏晚	√	√	√	√	√
2012	正常	×	×	×	×	×
2013	偏早	√	—	√	×	√
2014	偏早	√	×	√	×	×
2015	偏晚	×	×	√	√	√
2016	偏早	√	√	√	√	√
2017	偏晚	√	√	—	√	—
2018	偏晚	×	√	√	√	√
2019	偏早	√	√	√	√	√
正确率		55%	70%	70%	64%	60%

1.6 华南前汛期降水中期延伸期客观预报模型

大气季节内振荡(ISO)是大气次季节尺度的主要模态,对于中期—延伸期尺度(10～30 d)的天气变率有重要影响,是中期—延伸期可预报性的主要来源;而我国南方地区降水和洪涝灾害受 ISO 的显著影响,这说明利用大气 ISO 传播规律进行华南地区降水中期尺度的预报是一个有效途径。因此,利用基于大气季节内振荡理论的时空间投影建模(STPM)方法(Hsu et al.,2015;Zhu et al.,2015)来研究和建立华南前汛期降水的客观预报模型。这里选择对华南前汛期降水有显著影响的 850 hPa 关键区纬向风场,通过 SVD 对预报日之前 6 候的风场和预报日之后 6 候的降水场进行分解,并反演为利用前 6 候风场对后 6 候降水场的预报模型。

根据 1979—2000 年的逐日风场资料和华南区域逐日降水资料建立降水的客观预报模型,

该模型每次给出未来 6 候华南地区各站点降水量,每年从 3 月 1 候开始预报,每候更新,至 7 月 6 候结束。对 2001—2018 年的降水进行回报,每年共有 30 次预报,在超前 10 d 和 15 d 的预报样本各有 540 个。分别针对超前 10 d 和 15 d 的 540 个样本,计算每个站点降水量预报与实况之间的时间相关系数,结果(图 1.24)显示,在超前 15 d 时,华南大部分站点预报与观测的相关系数都超过 0.09(90% 置信水平),而在超前 10 d 时,大部分站点的相关系数都超过了 0.15(99.9% 置信水平)。此外,华南区域平均降水预报量和实况的相关系数(图 1.25)显示,就华南地区平均而言,预报与实况更为接近,在超前 15 d 时,预报与实况的相关系数为 0.149;在超前 10 d 时,预报与实况的相关系数为 0.249。这说明该方法对华南前汛期降水中期预报的预报效果较好。

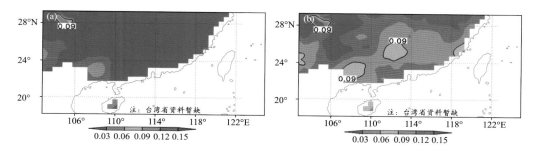

图 1.24　前汛期降水 STPM 模型预报与实况的时间相关系数(a. 超前 10 d;b. 超前 15 d,建模时段为 1979—2000 年,回报时段为 2001—2018 年,红色阴影表示相关系数置信水平超过 90% 的区域)

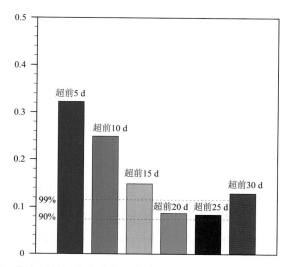

图 1.25　华南区域平均降水的预报与实况在不同超前时间的相关系数

(建模时段为 1979—2000 年,回报时段为 2001—2018 年)

利用该方法对 2019 年华南前汛期逐候降水进行预报试用,与实况的对比显示,预报结果可以在一定程度上反映降水的变化特征(图 1.26)。超前 10 d 和 15 d 的预报和实况(共 30候)的相关分别为 0.42 和 0.47,分别超过 98% 和 99% 置信水平。具体来说,预报对于 2019 年前汛期降水在前期(13—28 候)相对较小、在后期(29—42 候)相对较大的趋势特征有所体现。另外,预报对于发生在 30 候、32 候、33 候、35 候等时间段的强降水过程有一定的把握能力。不足的地方:一是降水的预报值总体要小于实况,尤其是强降水过程发生时这种差距更为明显;二是该方法对前汛期前期(25 候之前)强降水的预测效果相对于后期要略差一些。

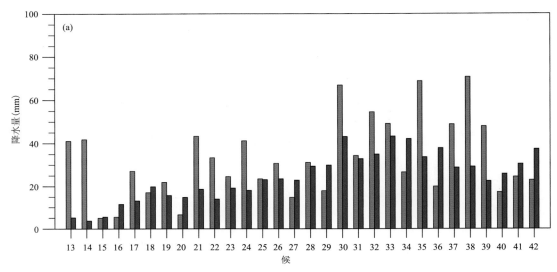

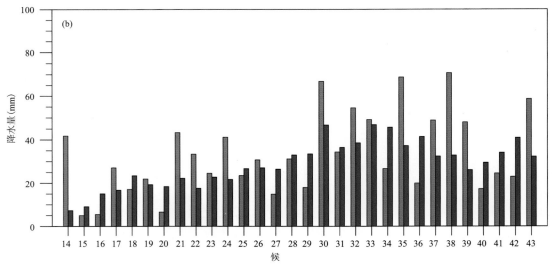

图 1.26　2019 年超前 10 d(a)和 15 d(b)华南地区逐候降水量的预报

(蓝、红色柱分别表示观测和预报)

1.7　本章小结

本章旨在围绕我国华南前汛期持续性强降水过程的内在规律和发生发展机理展开研究，构建持续性强降水过程的物理概念模型和中期预报指标。考虑到南海夏季风暴发前后东亚地区大气环流基本动力、热力特征和前汛期降水性质的不同，本书首次利用逐日降水和环流资料将每年的华南前汛期划分为锋面降水(第 1 阶段)和夏季风降水(第 2 阶段)两个阶段，并分别针对这两个阶段，利用统计分析和动力诊断等方法研究其间持续性强降水过程的形成机制和变异成因。通过细致分析研究，取得如下重要成果：

(1)利用每年前汛期的开始、结束日期以及南海夏季风的暴发日期，将每年前汛期划分为两个阶段。分析显示，较强降水(日降水量≥10 mm)在第 2 阶段出现的概率明显大于第 1 阶段，且前后两个阶段的降水总量在年际尺度上存在反向的变化特征。

(2)利用旋转 EOF 的方法对华南进行分区，并针对各个区域将连续 3 d(或 3 d 以上)日降水量大于等于 25 mm 的情况定义为一次持续性强降水过程。从 1961—2018 年共选出 84 次持续性强降水过程。分析显示，无论对于第 1 阶段还是第 2 阶段，持续性强降水过程的次数与降水总量有很好的对应关系，持续性强降水过程的出现往往意味着这一阶段降水总量偏多。

(3)对于前汛期的两个阶段来说，有利于持续性强降水过程出现的大尺度环流成因是明显不同的。对于第 1 阶段来说，当副高偏强，南海至华南地区的西南风加强，高原南侧的西风加强和中纬度东北风加强时，有利于持续性强降水过程出现。而对于第 2 阶段来说，副高偏南、西南季风偏弱，即副高和西南季风的季节进程总体偏晚时，南海地区局地西南风加强，华南地区上升运动加强，从而容易导致持续性强降水过程发生。

(4)为了分析导致前汛期持续性强降水过程出现的具体原因，本书进一步利用垂直运动方程分别针对两个阶段的环流特征进行了动力诊断，从而给出华南前汛期两个阶段持续性强降水过程产生的物理概念模型图(图 1.27)。结果显示，无论对于第 1 阶段还是第 2 阶段，垂直运动和降水所导致的潜热释放之间的正反馈作用对两个阶段持续性强降水过程的出现和维持都起到重要作用。不同的是，动力作用对于第 1 阶段异常垂直运动的产生起着关键的触发作用，异常的垂直运动主要由来自副高西侧、高原南侧以及中纬度地区涡动输送的影响下而产生；而第 2 阶段异常垂直运动的产生则主要取决于热力作用的贡献，在低层异常西南风暖平流的影响下，上升运动加强，从而触发降水和垂直运动之间的正反馈，导致持续性强降水过程出现。

(5)前汛期开始早晚有较为显著的中期尺度预报信号，当南亚高压总体偏北(南)、向北推

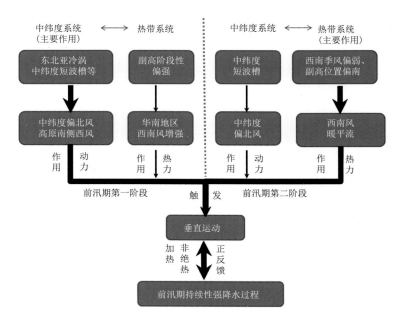

图 1.27　华南前汛期持续性强降水过程天气学概念模型

进偏快(慢),副高强度偏弱(强)、华南地区西南风减弱(加强)时,前汛期开始偏晚(早)。

(6)基于关键环流因子及动力模式对环流的预报建立了华南前汛期开始时间的客观定量及定性预报方法。对过去 11 年(2009—2019 年)的回报检验显示,定性预报方法的预报正确率为 70%,超前预报时效达 10~15 d。

(7)基于大气季节内振荡理论的时空间投影建模方法建立了华南前汛期持续性强降水过程的客观预报模型,回报检验显示,该方法在中期尺度上对于华南地区持续性强降水过程具有一定的把握能力,但对强降水过程的预报值总体要小于实况,而且对前汛期后期(25 候之后)强降水过程的预报效果要优于前汛期前期(25 候之前)。

江淮梅雨持续性降水过程的成因和中期预报方法

近年来,随着我国综合观测系统的能力提升和对中小尺度天气系统的认识加深,梅雨锋暴雨的短时临近预报技术水平有了显著进步,然而对于江淮梅雨异常事件提前3~15 d的中期预报能力仍然有限,是中期天气预报业务中亟待解决的关键技术难题。

梅雨的中期预报重点关注的是亚洲夏季季风涌、副高、南亚高压、亚洲阻塞高压以及东亚副热带急流(East Asian subtropical weaterly jet,简称 EASJ)等大型环流系统的稳定或异常变化(倪允琪 等,2004)。我国学者(陈隆勋,1991a;黄士松 等,1962;吴国雄 等,2002;张庆云 等,1998a)对于亚洲夏季季风涌、副高和南亚高压的演变规律及其与梅雨的关系研究比较多,有较成熟的理论体系,尤其是倪允琪等(2005)通过国家重点基础研究发展规划项目"我国重大天气灾害形成机理与预测理论研究"提出的"四因子锁相",并建立的梅雨锋暴雨的天气学模型(陶诗言 等,2003),多年来一直作为经典理论指导天气预报业务,但是,对于热带外西风带系统,比如影响东亚季风区域降水的对流层顶东亚副热带西风急流和维持梅雨稳定形势的亚洲阻塞高压,在梅雨季节中期变化特征及其与梅雨的配置关系,在观测事实和理论认识上都不十分清晰。因此,有必要研究热带外 EASJ 和阻塞高压在中期时间尺度的演变特征及其对梅雨异常的影响机制,进一步充实梅雨中期天气过程的大尺度关键环流系统的天气学形成原因和物理机制的认识。这是 2.4 和 2.5 节阐述的内容。

大气运动极其复杂,在空间上和时间上都存在不同尺度的运动。陶诗言(1980)的研究指出,多尺度的大气环流相互作用对于中国东部降水的发生十分重要。行星大尺度背景下低频天气系统的发展和移动会造成梅雨锋上中小尺度对流系统发展,从而产生强降水(陶诗言 等,1998;张顺利 等,2002;Liu et al.,2014)。许多研究(Yang et al.,2003;Yang et al.,2010)发现,江淮地区洪涝年大气环流系统的季节内振荡的活跃性和传播特征比干旱年要明显许多,持续性强降水过程具有显著的低频振荡特征,强降水日通常发生在低频振荡的活跃位相。因此,基于上述理论,进一步挖掘江淮梅雨关键环流系统的低频变化信号和前兆预报指标,这是2.6节涉及的内容。

另外,为充实对江淮梅雨强降水过程和天气学概念模型的基本认识,2.2和2.3节提供了江淮梅雨季节强降水过程客观划分方法,系统分析了强降水过程气候学特征,对比分析了不同影响系统下梅雨锋结构,得出了比以往研究更为细致和深入的认识。

2.1 资料和方法

2.1.1 资料

本章使用的资料包括:

(1)中国气象局国家气象信息中心提供的中国国家站2426站日降水量资料(20时—20时),地面和高空观测资料。

(2)美国气象环境预报中心(NCEP)和美国国家大气研究中心(NCAR)联合制作的全球逐日及6 h再分析资料,水平分辨率分别为2.5°×2.5°和1°×1°;欧洲中期数值预报中心的Era-interim东亚地区时间分辨率为6 h的再分析资料,水平分辨率为0.125°×0.125°,时间序列长度为1960—2015年共56年。

2.1.2 方法

(1)在讨论梅雨期强降雨过程累积雨量的时空分布特征时采用了趋势分析、相关分析和EOF自然正交展开等分析方法,其中气候变化趋势采用了线性趋势分析和5年移动平均分析方法,并对各相关系数进行了显著性水平检验。

(2)在分析夏季200 hPa东亚副热带西风急流扰动时空特征时,扰动是指大气中气候平均环流与纬向对称气流的偏差环流,决定了大气环流的波动形态,影响着全球的天气气候分布。采用谐波分析方法(Tsay et al.,1978)对200 hPa纬向风进行空间尺度分离,按照空间尺度由大到小,分别提取出超长波(波数为1~3)、长波(波数为4~6)、行星尺度波(波数为1~6)、天气尺度波(波数为7~12,也称"高频斜压波")、更小尺度波(波数大于12)以及全频域扰动场(原场剔除纬向平均,以下简称"扰动场")。

(3)关于EASJ急流位置指数,采用金荣花等(2012)提出的EASJ急流位置指数的定义,即关键区(20°~55°N,110°~130°E)内各经度上200 hPa纬向风最大值所在纬度的平均值,位置指数代表该区域内急流的纬度位置。急流强度指数为关键区(20°~55°N,110°~130°E)内各经度上 200 hPa 纬向风最大值的加权平均值,急流强度指数大(小)代表急流强度强(弱)。

(4)在分析东亚副热带西风急流扰动波包分布及其传播时,采用缪锦海等(2002)提出的波包传播诊断方法。

(5)在讨论亚洲副热带西风急流扰动涡度源时,采用异常的涡度源 S' 公式。

根据 Sardeshmukh 等(1988)的研究,由于大气中的大尺度辐散风场主要与非绝热加热不均及大地形有关,所以异常的涡度源 S' 基本上代表了定常的外部强迫源对大气定常行星波的强迫。对流层上层定常辐散场所产生的涡度源可以表示为

$$S' = -\overline{V_x} \cdot \nabla \xi' - V'_x \cdot \nabla (\overline{\xi} + f) - (\overline{\xi} + f)D' - \xi' \overline{D} \tag{2.1}$$

式中,$\overline{V_x}$ 和 V'_x 分别为夏季气候平均和异常的辐散风;$\overline{\xi}$ 和 ξ' 分别为夏季气候平均和异常的相对涡度;$\overline{D}$ 和 D' 分别为夏季气候平均和异常的散度。

(6)在诊断分析 Rossby 波能量传播时,采用波作用通量公式 Eliassen-Palm 通量。Takaya 等(1997)根据 Plumb(1985)的工作给出了沿基本气流静止波的波作用通量公式 Eliassen-Palm 通量,简称 E-P 通量,E-P 通量是研究波流相互作用、波动传播和地转位涡输送的有效方法,是行星波活动和异常的重要诊断工具。E-P 通量可以用式(2.2)表达,它是波动能量传播的一种度量,其水平分量(水平波作用通量)表示静止波波动能量的水平传播方向和强弱;垂直分量表示由于波动效应单位质量空气的涡动热量输送。

$$\boldsymbol{W} = \frac{P}{2|U|} \begin{vmatrix} U(\psi_x'^2 - \psi'\psi_{xx}') + V(\psi_x'\psi_y' - \psi'\psi_{xy}') \\ U(\psi_x'\psi_y' - \psi'\psi_{xy}') + V(\psi_y'^2 - \psi'\psi_{yy}') \\ \dfrac{f_0^2}{S^2} |U(\psi_x'\psi_p' - \psi'\psi_{xp}') + V(\psi_y'\psi_p' - \psi'\psi_{yp}')| \end{vmatrix} \tag{2.2}$$

式中,$\boldsymbol{W}$ 为波作用通量;ψ' 为准地转扰动流函数;U、V 为基本流场;P 为气压除以 1000 hPa;$|U|$ 为水平风速的气候值;S^2 为静力稳定度参数。

$$\nabla \cdot \boldsymbol{W} = \frac{\partial W_x}{\partial x} + \frac{\partial W_y}{\partial y} \tag{2.3}$$

在西风条件下,波作用通量为一矢量,方向与能量传播方向相同,也与波群速矢量方向相同,向量绝对值大小正比于能量传送的速度。$\nabla \cdot \boldsymbol{W} > 0$ 时,波作用通量辐散,表示波作用的输出,平均西风加强;反之,$\nabla \cdot \boldsymbol{W} < 0$ 时,波作用通量辐合,代表波作用的汇合,平均西风减弱。

(7)在对大气环流进行时间周期特征分析时采用 Morlet 小波分析方法。Morlet 小波分析方法中小波函数为 $\varphi(t) = (1 - t^2)e^{(-t^2/2)}$ (Farge,1992)。小波变换图是小波函数的实部等值线图,表现特征量在不同时间尺度上的周期振荡;小波方差图是小波系数的平方在时间域上的积分,反映特征量时间序列波动能量随尺度的分布情况,可以用来确定特征量变化过程中存在的主周期。由于许多地球物理时间系列具有红噪声特征(即方差随着尺度的增加或频率的下降

而增加),因此对由 Morlet 小波分析得到的周期进行了红噪声过程的显著性检验。

2.2 江淮梅雨季节强降水过程的划分和特征

2.2.1 江淮梅雨季节强降水过程的划分

每年的江淮梅雨都有不同的梅雨期。江淮梅雨最早于 5 月底开始,最晚于 8 月初结束,一般处于每年 6—7 月两个月(丁一汇 等,2007)。江淮梅雨季节是一个气候概念,本章将江淮梅雨期主要出现的 6—7 月作为江淮梅雨季节。

在有关江淮梅雨期的研究中,得到广泛认可并且使用最多的是徐群等(2001)和杨义文(2001)根据江淮 5 个指标站,包括上海(龙华站)、江苏南京、安徽芜湖(市)、江西九江、湖北汉口 5 个站的逐日(20 时—20 时)降水量以及副高西部脊线位置等确定的梅雨期划分结果。使用上述 5 站可以客观地划分江淮梅雨期,但在划分强降雨过程时还存在显著不足,这主要是因为强降雨过程通常涵盖的空间范围较大,5 个指标站不能很好地反映强降雨过程的空间精细化特征,因此需要增加指标站数量。国家气候中心制定的中国梅雨监测业务标准选取了江淮及长江中下游地区 277 个指标站作为梅雨雨量监测站(图 2.1),这些站点涵盖了我国出现梅雨的几乎所有地区,空间分布比较均匀,降雨资料也较为完整,且根据该标准回算的历年江淮梅雨期与原 5 个站确定的江淮梅雨期具有较高的一致性,用这些监测站作为研究江淮梅雨季节强降雨过程的指标站具有较好的代表性。

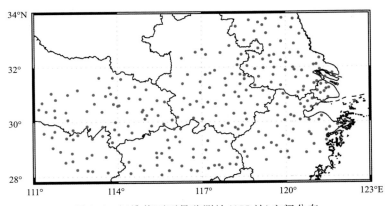

图 2.1　江淮梅雨雨量监测站(277 站)空间分布

降雨发生时观测到的降雨站点数可以反映降雨空间范围的大小。图 2.2 是江淮梅雨季节不同量级降雨气候平均站点数的逐日序列。从中可以看到,不同量级降雨站点数具有相似的变化趋势。6 月中旬至 7 月上旬是各个量级降雨站点数最大的时段,表明该时段是江淮梅雨季节中降雨范围最大、雨强最强的时段。进一步计算可知,小雨、中雨、大雨、暴雨及大暴雨以上量级站点数分别约占降雨总站数的 60.9%、18.9%、11.8%、6.1% 及 2.3%,表明江淮梅雨季节不同量级降雨站点数存在明显差异,随着降雨量级增大,降雨站点数显著减小。此外,平均降雨最强的时段在 6 月中旬至 7 月上旬,而多年平均梅雨期也处于这一时期(金荣花 等,2008;毛文书 等,2008)。

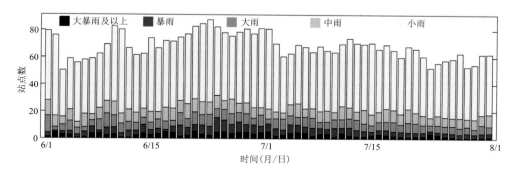

图 2.2 江淮梅雨季节不同量级降雨气候平均(1960—2015 年)站点数逐日序列

为了更加客观地反映江淮梅雨降雨的特点,根据图 2.2 中各量级逐日气候平均降雨站点数,计算不同降雨强度(≥100 mm、≥50 mm、≥25 mm、≥10 mm、≥0.1 mm)下的逐日站点数,再按照江淮梅雨季节(6 月 1 日—7 月 31 日)及多年平均梅雨期(6 月 17 日—7 月 7 日)(金荣花 等,2008)两个时段分别统计最大值 N_{max}、最小值 N_{min} 及平均值 N_{ave}(表 2.1)。从表 2.1 中可以看到,无论哪个强度的降雨,江淮梅雨季节和平均梅雨期的最大站点数是一致的,而江淮梅雨季节最小站点数和平均站点数均小于平均梅雨期的相应站点数,进一步说明平均梅雨期正是江淮梅雨季节中降雨强度和范围最大的一个时段。

表 2.1 江淮梅雨季节与平均梅雨期不同降雨强度对应的最大(N_{max})、最小(N_{min})及平均(N_{ave})站点数

降雨强度	N_{max}		N_{min}		N_{ave}	
	江淮梅雨季节	平均梅雨期	江淮梅雨季节	平均梅雨期	江淮梅雨季节	平均梅雨期
≥100 mm	5.2	5.2	0.4	1.6	2.6	3.7
≥50 mm	20.1	20.1	3.2	8.9	9.5	13.4
≥25 mm	42.1	42.1	10.9	23.7	23.3	30.3
≥10 mm	73.9	73.9	22.8	42.9	44.7	55.4
≥0.1 mm	156.3	156.3	78.8	103.6	113.1	130.6

强降雨过程在强度、时间及空间上都与普通降雨存在显著差异。首先,强降雨过程是单日或者多日连续降雨,过程发生期间都或多或少包含若干强降雨日(我国天气预报业务中强降雨日通常指日雨量达到暴雨及以上量级)。其次,强降雨过程在空间上具有一定的区域特征,单

个站点出现暴雨及以上量级的降雨并不能很好地代表强降雨过程。此外,江淮梅雨季节暴雨过程发生时,强降雨站点的空间分布通常都是成片的。

从上述分析可知,强降雨过程与降雨强度、降雨日及降雨站点等特征量密切相关,可以根据这些降雨特征量划分江淮梅雨季节的强降雨过程,划分时重点考虑以下三个方面:一是强降雨过程需具有一定的强度,要反映出梅雨季节强降雨的特点;二是强降雨过程要具有一定的空间范围,反映降雨过程的区域性特征;三是强降雨过程中的强降雨站点需要具有一定的空间集中性特征。

为了划分出江淮梅雨季节强降雨过程,需重点考虑暴雨及以上量级降雨站点的气候特征。从表 2.1 中可以看到,江淮梅雨季节该地区平均每日有 9.5 个站点会出现强降雨(日雨量 50 mm 或以上),而在平均梅雨期平均每日最少有 8.9 个站点出现强降雨。选取最接近江淮梅雨季节平均站点数(9.5 个)且不小于平均梅雨期最小站点数(8.9 个)的整数作为确定强降雨日的站点数是较为合理的,即若某日有至少 9 个站出现 50 mm 以上量级的降雨,则视该日为强降雨日。

为了能够更加客观地反映出强降雨站点空间分布的集中程度,需要知道在研究区域内,地理上空间最近的 9 个站点分布在多大的区域内。为此,以某站点为中心,分别计算该站点与周围最近的 8 个站点的空间距离,不妨将 8 个距离中最大的距离称作该站的集中半径(即以该站为中心包含距离该站最近的 8 个站点的空间圆半径)。计算所有 277 个站点的集中半径可以发现,最大集中半径是 113.79 km。因此,可以将该集中半径作为强降雨日站点空间分布的扫描半径,若在此半径范围内某强降雨日有 9 个以上(含 9 个)的站点出现了 50 mm 以上的降雨,表明该强降雨日具有较好的空间集中性特征。

根据上述划分原则,可以从 1960—2015 年每年江淮梅雨季节中挑选出江淮区域强降雨日,然后根据强降雨日划分出强降雨过程,最后将不满足空间集中性的过程(过程期间没有满足空间集中性的强降雨日)剔除即可得到江淮梅雨季节强降雨过程。

2.2.2 江淮梅雨季节强降水过程时空特征

根据上述标准,从 1960—2015 年江淮梅雨季节总共可挑选出 325 次(平均每年 5.8 次)强降雨过程,统计发现其中有 163 次(平均每年 2.9 次)出现在梅雨期(表 2.2)。值得注意的是,并非所有强降雨过程都会产生较为严重的次生灾害。通常情况下,灾害较为严重的强降雨过程都具有一定持续性特征,江淮流域持续性暴雨过程是造成大范围洪涝的高影响天气事件。从表 2.2 可以看到,强降雨过程的发生次数随着过程持续时间的增加而减少,持续时间最短的强降雨过程为 1 d,最长的可达 14 d。进一步分析表 2.2 可知,对于不同持续时间的强降雨过程,江淮梅雨季节与梅雨期存在显著差异。具体来讲,持续时间较短(1～2 d)的强降雨过程总数为 213 次,其中 86 次(约 40.4%)出现在梅雨期。持续时间在 3 d 以上(含 3 d)的强降雨过程总数为 112 次,其中 77 次(约 68.8%)出现在梅雨期,而持续时间在 8 d 以上(含 8 d)的强降雨过程总共有 10 次,全部出现在梅雨期。可见,大多数持续时间较长的强降雨过程都出现在梅雨期,这也反映了梅雨期是江淮地区持续时间较长的强降雨过程出现的主要时段。

表 2.2　1960—2015 年江淮地区梅雨季节的强降雨过程发生次数

	强降雨过程持续时间(d)										
	1	2	3	4	5	6	7	8	9	10	14
梅雨季节过程(次)	104	109	52	26	16	6	2	5	3	1	1
	213		112								
	325										
梅雨期过程(次)	32	54	30	20	12	4	1	5	3	1	1
	86		77								
	163										

为了更好地说明江淮梅雨期强降雨过程发生与梅雨强弱的关系,绘制了强降雨过程累积雨量及梅雨期总雨量的逐年变化柱状图(图 2.3a)。从图中可以看到,两者具有非常一致的变化趋势(相关系数高达 0.96,通过 0.01 的显著性检验)。过程累积雨量较大的年份分别出现在 1969、1983、1991、1996、1998、2003、2011 和 2015 年,这些年份都是历史上典型的强梅雨年。而 1963、1971、1978、1985、2001 和 2012 年是弱梅雨年,这些年的过程累积雨量均较小。平均而言,梅雨期强降雨过程累积雨量占梅雨期总雨量的 78.6%(其中 1965、2000、2002 和 2009 年等 4 个空梅年未参与计算)。这表明梅雨期降雨主要是由这些强降雨过程造成的,两者之间具有协同一致变化的基本特征,同时也表明按标准划定的强降雨过程具有较好的代表性。另一方面,近 56 年来强降雨过程累积雨量整体上有线性增加的趋势($R = 0.071$,增加趋势并不显著),同时具有一定的阶段性变化特征,其中 20 世纪 60—70 年代较弱,90 年代明显加强,进入 2000 年后又明显减弱,近几年又有加强的趋势。

上文指出梅雨期的梅雨强弱与强降雨过程累积雨量具有显著的正相关关系,那么梅雨强弱与强降雨过程发生的频次有无联系? 图 2.3b 是梅雨期强降雨过程次数与过程累积强降雨日的逐年时间序列。从图中可以看到,强降雨过程次数在 5 次(含 5 次)以上的年份有 8 年,分别是 1969、1975、1979、1980、1996、1998、2007 和 2015 年。这些年份均为梅雨偏强年份,表明强梅雨年的强降雨过程也呈现频发性特征。值得注意的是,1983 和 1991 年的强降雨过程次数较少,但依然是典型的强梅雨年,部分原因是这两年的单次过程持续时间较长,累积强降雨日数依然很大,如 1991 年出现了持续时间达 14 d 的强降雨过程,累积强降雨日达到21 d。总

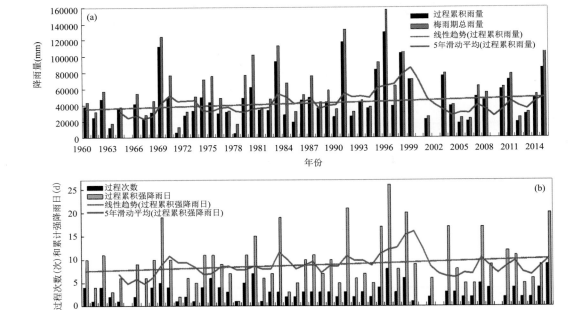

图 2.3　1960—2015 年梅雨期强降雨过程累积雨量、总雨量(a)及过程次数和累积雨日(b)

体而言,强梅雨年具有较多的强降雨过程和过程累积强降雨日。过程累积雨量与过程累积雨日变化特征基本一致。

以上分析了近 56 年来强降雨过程的时间变化特征,发现每年梅雨期降雨量主要来自梅雨期的若干次强降雨过程。那么这些强降雨过程的雨量在空间上有何特征?图 2.4 是 1960—2015 年梅雨期强降雨过程累积雨量及线性趋势的空间分布。从图中可知,强降雨过程累积雨量最大的区域位于安徽西南部、江西东北部及湖北东部一带(图 2.4a),基本上属于江淮区域中心地带。最大累积雨量中心位于安徽西南部,超过 12500 mm,而在湖北西部、江苏北部及浙江东南部地区雨量则相对较小。从强降雨过程雨量的年际变化趋势来看(图 2.4b),全区显示为一致的正值,表明对于整个区域而言,近 56 年来强降雨过程造成的降雨量呈现增多的变化趋势,这与图 2.3 中显示的区域平均的趋势变化是一致的。此外,可以看到强降雨过程雨量增大的趋势由东向西逐渐减小,靠近东部的江苏南部至浙江北部地区雨量增大的趋势最为显著(图 2.4b 中阴影区通过了 0.05 显著性检验),这一带也是近 50 年梅雨期暴雨量及极端降雨日数显著增大的地区(刘明丽 等,2006;毛文书 等,2006)。

对梅雨期 163 次强降雨过程进行统计可知,这些强降雨过程总共包含 498 个强降雨日。从累积强降雨日的空间分布(图 2.5)可以看到,雨日最大中心仍然位于安徽西南部一带。强

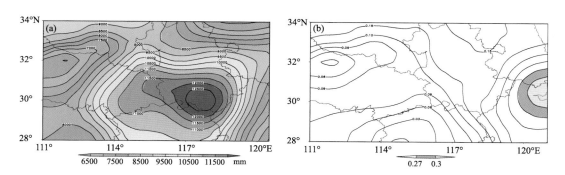

图 2.4　1960—2015 年梅雨期 163 次强降雨过程累积雨量(a)及雨量年际变化的趋势系数(b)

降雨过程期间累积雨日的空间分布型与累积雨量(图 2.4b)极为相似,表明 50 mm 以上的强降雨雨日与累积雨量密切相关。这一点可从图 2.3 中过程累积雨量曲线与过程累积强降雨日曲线变化极为相似得到进一步印证。事实上,两者相关系数高达 0.95,通过 0.01 的显著性检验。

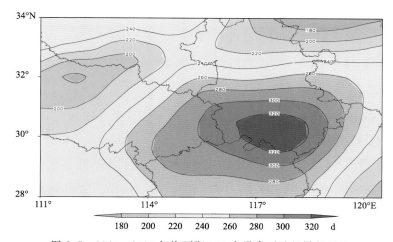

图 2.5　1960—2015 年梅雨期 163 次强降雨过程累积雨日

　　江淮梅雨期强降雨过程期间,不同强度降雨雨日在空间上还存在差异性。这里将降雨强度分为暴雨及以上、大雨、中雨及小雨四个等级,分别计算不同等级降雨雨日与总雨日的百分比。从图 2.6 可以看到,上述四个量级的累积雨日分别占总雨日的 $15\% \sim 28\%$、$23\% \sim 30\%$、$26\% \sim 40\%$ 及 $15\% \sim 22\%$。中雨量级的雨日整体上是最多的(图 2.6c),强降雨的雨日并不显著占优势,即使在累积降雨最大的安徽西南部地区,强降雨的雨日也仅占到总雨日的 29% 左右(图 2.6a)。值得注意的是,强降雨(图 2.6a)与小雨(图 2.6d)的累积雨日百分比空间分布较为相似,基本上位于江西东北部、安徽西南部至湖北东部一带。而大雨(图 2.6b)与中雨(图 2.6c)雨日较多的区域位于江苏东南部、浙江东部的长江下游地区,这一地区大雨和中雨的雨日明显多于强降雨及小雨的雨日。

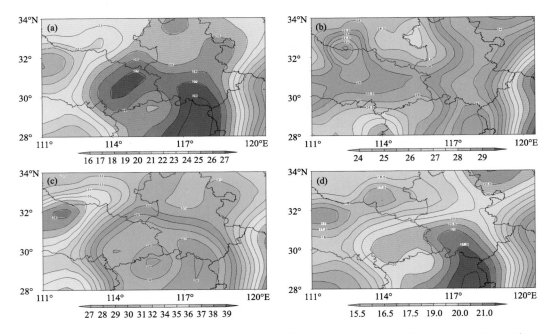

图 2.6　1960—2015 年梅雨期 163 次强降雨过程不同量级降雨雨日与总雨日的百分比(单位:%)

(a. 暴雨及以上;b. 大雨;c. 中雨;d. 小雨)

为了进一步说明近 56 年江淮梅雨期强降雨过程与江淮梅雨的关系,对梅雨期 163 次强降雨过程累积雨量的年际距平序列进行 EOF 分解。图 2.7 是 EOF 分解后的前四个空间模态。对应解释方差分别为 54.8%、14.4%、5.8% 和 4.6%,前四个模态的总解释方差达到了 79.6%。由图 2.7a 可以看到,第一模态空间系数为一致的正值,说明雨量空间变化的全区一致性特征。最大中心位于安徽西南部至湖北东部地区,与过程累积雨量最大中心(图 2.4a)较为一致,这也是江淮梅雨气候上最主要的一个空间分布型。第二模态(图 2.7b)呈现出以长江为界南北反向变化的特征,第三模态(图 2.7c)则表现出南北三区变化特征,即中间区域与南北两侧区域反向变化特征,第四模态则反映了雨量的东西反向变化特征。第二至第四模态表现出的空间非均匀性特征与江淮梅雨的空间非均匀性是较为一致的。这进一步说明强降雨过程与梅雨期降雨的密切关系,同时也反映出本书定义的强降雨过程能够反映梅雨期降雨的空间特征。

事实上,梅雨季节江淮强降雨过程与该地区旱涝有一定联系。尽管造成江淮流域旱涝的致灾因子(天气气候、水文地质及人类活动等)众多,但是不可否认的是与天气气候状况有关的强降雨过程是众多因子中的一个主要影响因子。为了便于说明江淮强降雨过程与江淮旱涝的关系,计算江淮流域的区域标准化旱涝指数 FDI(赵勇 等,2008),再计算 FDI 与强降雨过程各指数、梅雨期总雨量之间的相关系数。从计算结果来看,FDI 与梅雨期总雨量、强降雨过程累

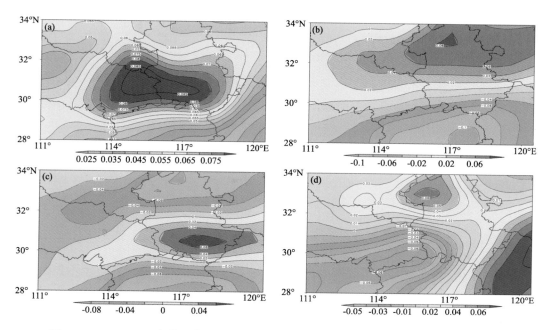

图 2.7　1960—2015 年梅雨期 163 次强降雨过程累积雨量 EOF 分解的前四个空间模态

（a. 第一模态；b. 第二模态；c. 第三模态；d. 第四模态）

积雨量、累积雨日、累积次数相关系数分别为 0.77、0.78、0.70 和 0.57，均通过 0.01 的显著性检验，表明江淮强降雨过程的确与旱涝密切相关。在强降雨过程较多或过程累积雨日较多的年份中，1969、1983、1991、1996、1998 和 2011 年都是江淮流域的典型涝年（FDI＞1），而强降雨过程较少或累积雨日较少的 1963、1971、1978、1985 和 2012 年都是江淮流域的典型旱年（FDI ＜−1）。

江淮梅雨期洪涝除了与强降雨过程累积雨量、累积雨日及过程次数等有关外，是否与过程发生的集中程度也存在联系？为了说明江淮梅雨期强降雨过程发生的集中程度与该地区洪涝的联系，选择梅雨期内强降雨过程累积雨日超过 10 d 的 17 个年份（全部为梅雨偏强的年份），计算这些年份强降雨过程的平均间隔时间（若存在梅雨期间断，则分别计算每段梅雨期内过程平均间隔时间，再进行多个梅雨期的平均）。从表 2.3 可以看到，1995、2003 和 2007 年梅雨期强降雨过程累积雨日均为 17 d，但 1995 年强降雨过程平均间隔为 2.7 d，而 2003 和 2007 年分别为 0.5 d 和 2.5 d，均小于 1995 年。2003 和 2007 年淮河流域出现了流域性大洪水，洪涝程度也较 1995 年严重得多。此外，1969、1983、1991、1996 和 1998 年均为过程平均间隔时间较短、累积雨日较多的年份，这些年份也是历史上典型江淮洪涝年，而过程平均间隔时间较大的年份（如 1962、1974、1980 和 1995 年）洪涝通常相对较轻。这进一步表明强降雨过程发生的集中程度对洪涝有明显的影响。

表 2.3　江淮梅雨期强降雨过程累积雨日超过 **10 d** 的年份过程平均间隔(单位:**d**)

年份	过程累积雨日	过程平均间隔	年份	过程累积雨日	过程平均间隔
1962	11	3.3	1995	17	2.7
1969	19	1.5	1996	26	1.5
1974	11	5.0	1998	20	1.3
1975	11	1.0	2003	17	0.5
1979	13	2.5	2007	17	2.3
1980	15	4.3	2010	12	1.0
1983	19	2.5	2011	11	2.0
1987	11	8.5	2015	20	2.6
1991	20	1.5			

　　根据客观划分江淮梅雨季节强降雨过程的方法划分出的梅雨期强降雨过程不仅能很好地反映江淮梅雨的基本特征,且易于操作。识别的结果与已有的客观方法识别的强降雨过程具有较高的一致率,且与中央气象台实际业务中勘定的强降雨过程基本一致。

　　平均而言,江淮梅雨期强降雨过程累积雨量占该地区梅雨期总雨量的 78.6%。强降雨过程存在明显的年际变化且与梅雨强弱密切相关,强梅雨年具有较多的强降雨过程以及过程累积强降雨日,即强梅雨年的强降雨过程具有持续性、反复性和频发性的特征。弱梅雨年则反之。近 56 年来梅雨期强降雨过程累积雨量在整个江淮地区有线性增加的趋势,且位于东部的江苏南部至浙江北部地区雨量增大的趋势最为显著。

　　江淮梅雨期强降雨过程累积雨量的前四个 EOF 空间模态可以很好地反映江淮梅雨空间变化的气候特征,进一步说明强降雨过程与梅雨期降雨的密切关系。强降雨过程累积雨量及雨日的最大区域均位于安徽西南部、江西东北部及湖北东部,是江淮梅雨期强降雨过程雨量最集中、雨强最大的地区,这可能与该地区的下垫面状况有一定关系。

　　江淮梅雨期强降雨过程与该地区旱涝有显著关联。强降雨过程较多、过程累积雨日较多的年份通常为强梅雨年,江淮流域偏涝,反之亦然。在强梅雨年,强降雨过程发生相对集中的年份更容易引起洪涝灾害。

　　梅雨期强降雨过程基本决定了该地区整个梅雨期降雨的时空分布,强降雨过程的基本特征与梅雨强弱及江淮旱涝密切相关,这为我们提供了从强降雨过程的角度研究梅雨强弱及江淮旱涝的视角。准确预报强降雨过程有助于了解当年该地区降雨量及降雨日的总体趋势特征,可将气候预测的雨带位置及强度等内容进一步细化为强降雨过程的位置、强度和频次等更有意义的信息,提高中长期强降雨过程预报的精细化水平。但是应该看到,上述结果是从气候统计的角度反映强降雨过程的整体特征,个别年份仍有差异。如空梅年(1965、2000、2002 和

2009 年)并不意味着没有强降雨过程,只是不存在典型意义上的梅雨期,因此没有进行讨论。此外,没有考虑不同尺度天气系统背景下强降雨过程的强度、时空特征是否存在差异,江淮梅雨季节强降雨过程是否可以根据不同天气系统影响进行分类研究,寻找不同类型强降雨过程的形成机理还需要进一步探讨。

2.3　梅雨锋暴雨天气学概念模型和锋区结构

2.3.1　2016 年梅雨期大气环流背景

梅雨是多尺度系统相互作用的产物,持续性梅雨天气更是需要高低空、高低纬系统的密切配合。下面将以 2016 年梅雨期为例,分析其环流背景。

2016 年梅雨期处于超强厄尔尼诺减弱后大气响应海温异常的时期,大气环流也表现出显著异常性。具体表现在(图略):100 hPa 南亚高压明显偏东偏强,我国中东部处于分流辐散异常区;500 hPa 副热带高压强度显著偏强,西伸脊点位置显著偏西,印度洋低压略偏强,中纬度锋区有明显波列东传,中东部低槽略明显;850 hPa 西太平洋地区存在明显的反气旋异常,长江中下游地区是水汽通量散度正辐合异常区。这些大尺度系统及异常环流是导致梅雨持续性的背景原因。

2016 年梅雨期为 6 月 19 日—7 月 20 日,入梅较常年偏晚 5 d,出梅偏晚 8 d(2016 年中国气候公报)。由逐日 110°～120°E 平均的 100 hPa 和 500 hPa 高度场、850 hPa 风场和比湿、500 hPa 温度场和区域平均降水量的综合分布图(图 2.8)可以看出,南亚高压和西太副高的东西、南北向摆动基本决定了我国东部地区强降雨带的位置。6 月中旬后,南亚高压主体稳定维持在高原上空,6 月 15 日,其东边界向东扩展,从时间上看,较入梅首场暴雨提前约 4 d;西太副高明显西伸北抬,中旬后期,特征等值线 5880 gpm 西界和北界分别到达 110°E 和 30°N 附近,强降雨带稳定在长江中下游地区(30°N),西太副高的西伸、东退与梅雨锋暴雨过程的发展有更为明确的对应关系;南海季风涌把大量的暖湿空气从海洋输送到大陆,为持续性强降水提供了充足的水汽供应,中高纬度冷空气增强了南北空气的干湿对比,从而有利于梅雨锋的维持和加强。上述系统同时处于活跃阶段时,容易形成大范围、持续性暴雨。7 月中旬后期,西太副高进一步西伸、北抬,5880 gpm 等高线越过 35°N、西脊点到达 100°E 附近,850 hPa 季风涌的强辐合区也北推至 35°N 附近,7 月 18—20 日,我国川陕至华北、黄淮、江汉、江淮西部等地出现了一次极端暴雨过程。此次过程之后,梅雨期结束。

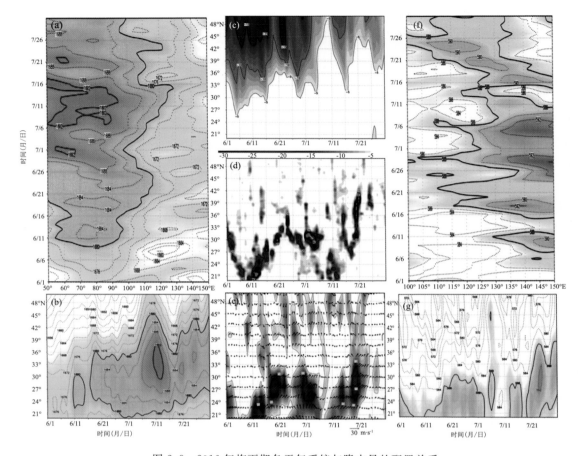

图 2.8　2016 年梅雨期各天气系统与降水量的配置关系

6 月 1—30 日 20°～50°N 平均的 100 hPa(a)和 500 hPa(f)位势高度(单位:dagpm),110°～120°E 平均
的 200 hPa(b)和 500 hPa(g)位势高度(单位:dagpm)、500 hPa 温度(c,单位:℃)、逐日降水量
(d,单位:mm)、850 hPa 风场和比湿(e,阴影为比湿,单位:g·kg⁻¹)

2.3.2　梅雨锋暴雨天气学概念模型

选取 2015—2018 年共 10 次梅雨锋暴雨个例,对其主要影响系统及特点进行分类统计,见
表 2.4。初步结果如下:所有过程均伴有 200 hPa 高空辐散区,多数表现为高空急流风速辐散
或流场辐散。高空辐散区产生的抽吸作用有利于加强低层辐合,增强垂直上升运动。大多数
过程中,副高呈带状分布,或稳定或东西、南北向摆动,从暴雨区与 500 hPa 位势高度场的对应
关系看,大多数暴雨出现在 584～588 dagpm 等高线附近,对预报有较好的指示意义。同时,
500 hPa 高原槽和西风槽、冷涡也是非常关键的影响系统,决定了低层切变线的建立、低涡的
生成以及雨带的移动,特别是槽前的正涡度平流有利于低层切变线上低涡的生成,进而加强低

层水汽的辐合抬升。大多数过程均伴有低空急流的加强北推和东移南压,低空急流强度、持续的时间等对降雨强度有明显的影响。

表 2.4　2015—2018 年 10 次梅汛期暴雨过程影响系统及其特点

序号	暴雨过程起止时间(年.月.日—月.日)	200 hPa	500 hPa				850 hPa		
			副高	特征等值线(dagpm)	高原槽	冷涡西风槽	低空急流	切变线	低涡中心
1	2015.6.16—6.18	纬向急流	带状,西—东	584		√	√	√	不明显
2	2015.6.26—6.29	脊线北侧	块状,北抬	588		√	√	√	不明显
3	2015.7.15—7.17	槽前、东移	偏东偏南	580~584		√	弱	√	√
4	2016.6.19—6.21	脊线北侧	带状,稳定	584~588	√	√	√	√	不明显
5	2016.6.27—6.28	纬向急流南压	带状,稳定	584~588	√	√	√	√	
6	2016.6.30—7.5	纬向急流、槽	带状,稳定	584~588	√	√	√	√	
7	2017.6.23—6.28	纬向急流南压	带状,西—东	584	√	√	√	√	无
8	2017.6.29—7.1	深槽前	稳定	584	√	√	一般	√	
9	2017.7.8—7.9	风向分流	东—南	584~588		√	√	√	√
10	2018.7.4—7.6	脊线南侧	偏东偏南	584	√	√	√	√	√

注:西—东表示西伸后东退;东—南表示东退后南落;√表示以此类型为主

各天气系统的特征差异说明,在短期时段内,500 hPa 高空低涡低槽、850 hPa 低空急流和低涡切变线等系统对暴雨的影响更为直接和显著。以下两种配置比较常见:(1)500 hPa 西风气流比较平直,多发生在高原槽东移或东北冷涡移出之后,副高西伸,850 hPa 低空急流发展,中纬度冷空气活动比较偏北,急流前端辐合区内产生暖区降雨;(2)500 hPa 有经向度较大的低涡低槽东移,中纬度冷空气南下至长江流域,与低空急流之间形成低层切变线,有时在切变线上伴有低涡生成,低层辐合大大增强。

由于一次梅雨锋暴雨过程中天气系统的发展有不同的阶段特征,通常是低空急流的增强、北推,伴随着高原槽或西风槽东移,低层切变线或低涡发展,当中纬度冷空气明显南压时,冷切变一侧降雨随着冷空气南压而南压,准东西向的雨带也随之转为东北—西南向。低层切变辐合系统的位置和走向很大程度上决定了雨带的落区和走向。因此,进一步根据天气系统的特点将其分为两大类,即无明显冷空气参与的暖湿类(以低空急流影响为主)和有冷空气南下的切变线类(包含冷暖切变线),它们经常先后出现在同一次暴雨过程的不同发展阶段,对于持续性暴雨过程,甚至会交替出现。

基于以上分析,初步建立了包含梅雨锋暴雨发生发展过程不同阶段或不同类型的天气学概念模型,见图 2.9。

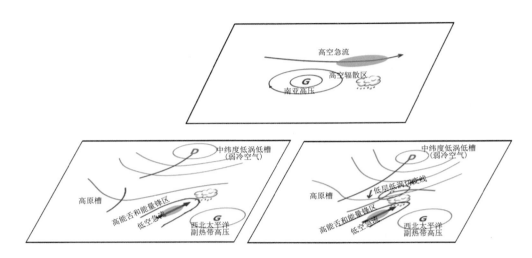

图 2.9　梅雨锋暴雨两种发展阶段的天气学概念模型

2.3.3　不同影响系统下梅雨锋结构特征对比

为考察不同影响系统下梅雨锋的锋面结构特征,主要以 2016 年 6 月 30 日—7 月 6 日长江中下游地区持续性暴雨过程不同阶段的梅雨锋系统为例进行分析。

2016 年 6 月 30 日—7 月 6 日,长江中下游地区出现了当年入梅以来最强的一次持续性暴雨过程。江淮大部、江汉、江南北部及四川盆地西部、重庆北部、贵州中南部、华南中西部等地降雨 100～300 mm,湖北东部、安徽中南部、江苏中南部及河南信阳、湖南西部和北部、江西西北部、广西东北部和南部等局地降雨 350～700 mm,湖北黄冈局地降雨 800～948 mm(图 2.10)。

此次暴雨发生时,异常强大的 500 hPa 副高呈带状分布在西北太平洋至我国长江以南大部地区,副高西侧低空急流强盛,输送大量的水汽和不稳定能量至我国长江中下游地区,在急流轴顶端出现了近乎东西向分布的对流性暴雨;东北冷涡后部的低槽移动缓慢,扩散南下的冷空气与低空急流之间形成江淮切变线,并有低涡沿着切变线东移,低层形成强烈的水汽辐合;200 hPa 上分流区的形成使得垂直上升运动进一步增强;地面上,前期暖低压发展强盛,暴雨位于低压前侧的急流前端;后期有冷空气南下,形成东北—西南向的梅雨静止锋,强降雨持续。

根据上文对梅雨锋暴雨影响系统的分类方法,结合本次持续性暴雨过程中天气系统的发展演变特点,分别以 6 月 30 日 20 时至 7 月 1 日 08 时和 7 月 1 日 20 时为例,分析低空急流和切变线占主导地位时的梅雨锋锋区结构特点;另外,选取 7 月 4 日 20 时低涡切变线生成以及 6 日 20 时急流明显减弱等阶段进行对比分析。

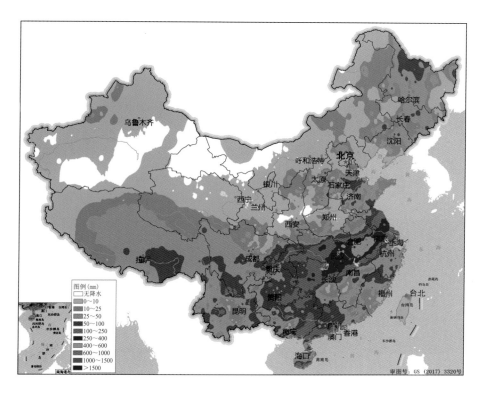

图 2.10　2016 年 6 月 30 日—7 月 5 日累积降水量

6 月 30 日 20 时(图 2.11a),亚洲中高纬度呈两槽一脊环流型,副高呈带状分布,5880 gpm 等位势高度线控制了江南中南部至华南地区;东北冷涡后部的冷空气前锋到达华北地区;高原槽东移至四川盆地东部,槽前有西南涡生成;高原槽与副高之间的低空急流处于加强态势。长江中下游地区主要受西南涡东侧强盛的低空急流控制。7 月 1 日 08 时(图 2.11b),长江中下游沿江至广西北部地区 850 hPa 低空急流最大风速达 20 m·s^{-1}以上,急流区宽广且风速强劲,假相当位温 θ_{se} 达 344 K 以上,同时,东北冷涡底部的低槽与高原槽合并东移,槽加深,中纬度弱冷空气南下,在苏皖中部至湖南西北部、贵州北部等地形成切变线。位于急流轴顶部、水平能量锋区大值中心一侧的湖北南部、安徽中南部等地出现大范围暴雨和大暴雨。

沿 115°E 的垂直剖面分析表明,在急流增长初期、大范围暴雨出现之前,36.5°N 以南地区低层均为偏南风控制,1000 hPa 附近 θ_{se} 中心大值达 356 K,在 700 hPa 以下随高度递减,表明暴雨区存在位势不稳定;偏南风风速辐合,在暴雨区上空形成深厚而宽广的湿层(图 2.11c);随着低空急流的发展,暴雨增强,不稳定能量释放,344 K θ_{se} 等值线向上伸展到 700 hPa 附近,垂直递减率明显减小,弱冷空气的南下导致南北向水平梯度增大,θ_{se} 锋区逐渐呈直立分布,低层的辐合显著增强,垂直上升运动强烈发展,最大上升中心位于 700 hPa 上下,强度超过 1.6 Pa·s^{-1}

（图 2.11d）。

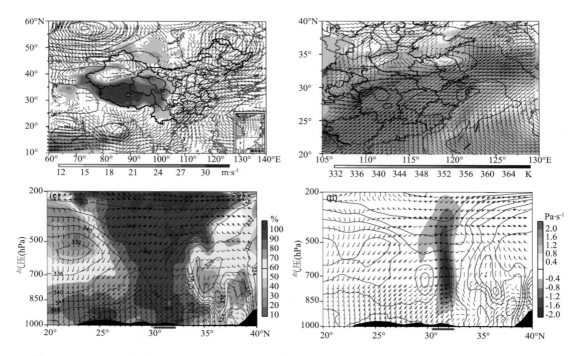

图 2.11　500 hPa 高度场和 850 hPa 风场(a)，850 hPa 风场和假相当位温 θ_{se}(填色)(b)，沿 115°E 的
风场、假相当位温(等值线)和相对湿度(填色)垂直剖面(c)及风场、假相当位温(等值线)和垂直速度
(填色)垂直剖面(d)(a、c 为 2016 年 6 月 30 日 20 时；b、d 为 2016 年 7 月 1 日 08 时；红线标识为
暴雨区位置，下同)

　　7 月 1 日 20 时，东北冷涡后部的弱冷空气继续南下至长江中下游沿江地区，强度有所加强，切变线两侧的温度梯度有所增大，大暴雨出现在切变线附近与低空急流出口区重合的区域。锋区垂直结构的基本形态与 1 日 08 时一致，θ_{se} 锋区呈直立分布，北方干冷空气的侵入，使得 θ_{se} 锋区南北向梯度进一步增大；但西南低空急流较 1 日 08 时有所减弱，暴雨区低层辐合强度有所减弱，湿层厚度降低至 500 hPa 及以下(图 2.12)。

　　在此次持续性暴雨过程中，中纬度不断有波动东移。4 日 20 时，新的低涡中心在河南、湖北和安徽三省交界处生成，其东南侧低空急流强度达 16～20 m·s⁻¹，急流顶端与切变线之间形成水汽辐合，但强度明显弱于 1 日(图 2.13a)。6 日，随着当年第 1 号台风"尼伯特"的西移，江南大部地区水汽来源被切断，低空急流明显减弱，水平和垂直方向上锋区特征明显减弱(图2.13b)。此次持续性暴雨过程结束。

　　另外，选取 2015 年 6 月 27 日(强盛的低空急流伴有暖切变线)、2017 年 6 月 25 日(冷切变线南压，急流强度中等)和 2015 年 7 月 16 日(低涡切变线但低空急流很弱)等三次过程，分别

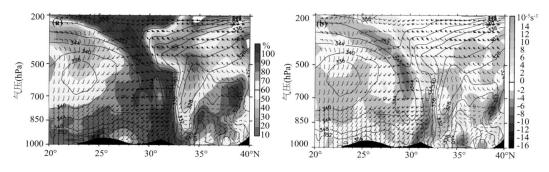

图 2.12　2016 年 7 月 1 日 20 时沿 116°E 的风场、假相当位温(等值线)和相对湿度(填色)垂直剖面(a)

及风场、假相当位温(等值线)和水平散度(填色)垂直剖面(b)

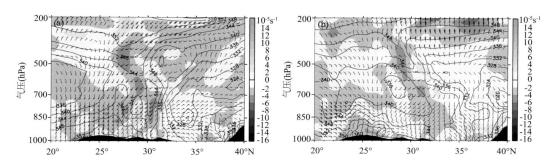

图 2.13　沿 115°E 的风场、假相当位温(等值线)和水平散度(填色)垂直剖面

(a. 2016 年 7 月 4 日 20 时；b. 2016 年 7 月 6 日 20 时)

称之为 A、B、C 过程,对比其锋区结构特征以期得出更有共性的结果。

三次过程暴雨区上空均对应有深厚的湿层(图略)。过程 A(图 2.14a)伴有强盛的低空急流,其北侧为明显的偏东风,二者之间形成强烈辐合,θ_{se} 锋区呈直立分布,垂直伸展至 600 hPa 附近,略向北倾斜,是典型的梅雨锋结构特征,在 600 hPa 以下为强烈的辐合区,且与 θ_{se} 锋区位置几乎重合;辐合中心最强位于南北风交汇最明显的 600 hPa 附近;其上为辐散区;高空辐散、低层辐合的形势有利于上升运动的发展和暴雨的增强。过程 B(图 2.14b),暴雨区上空 700 hPa 以下 θ_{se} 锋区呈直立分布,与之相对应的低层辐合中心大约位于 800 hPa 以下。过程 C(图 2.14c)θ_{se} 锋区在 850 hPa 以下、850 hPa 至 600 hPa 之间分别向南、向北倾斜,出现"折角"的现象,可能与锋区南侧低空、超低空急流明显偏弱有关,相应地水平辐合层次位于 850 hPa 至 700 hPa 之间,辐合强度在三者中最弱。

由以上分析可知,在稳定行星尺度背景下,梅雨锋可能表现出多次的重复波动过程,各个阶段具有不同的动力和热力特征。在低空急流发展的过程中,暴雨区附近低层均为偏南风控制的情况下,θ_{se} 水平方向梯度较小,主要表现为较大的垂直递减率,表明大气处于位势不稳定

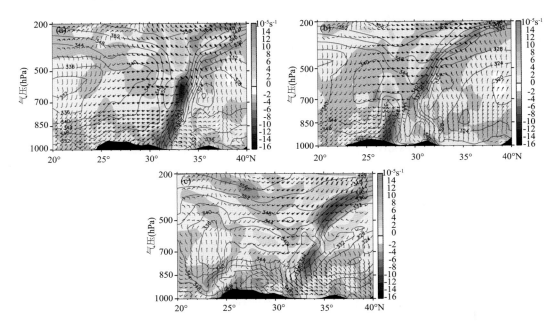

图 2.14　水平风场、假相当位温 θ_{se}（等值线，K）和散度（填色）的垂直剖面（a. 2015 年 6 月 27 日 08 时沿 118°E；b. 2017 年 6 月 25 日 08 时沿 116°E；c. 2015 年 7 月 16 日 20 时沿 118°E）

状态。低空急流显著加强北推时，若其北侧有一定大小的偏东或偏北风，增强辐合，则 θ_{se} 锋区表现出典型的梅雨锋特征，即锋区近乎直立伸展至 600 hPa 附近且随高度略向北倾斜；若其北侧风速过小，则 θ_{se} 水平梯度较前者明显减小。两种情况下，锋区内均为低层辐合、高层辐散，有利于上升运动发展；但强度有差异。同时，对比分析发现，在相似的低涡切变线或切变线形势下，低空急流的强度差异对梅雨锋的动力和热力特征有较明显的影响。低空急流较弱的情况下，θ_{se} 锋区较弱，且在低层可能向南倾斜，水平辐合辐散都比较弱。综上对比也发现，梅雨锋两侧的风场分布对于锋区强度有显著影响，低空急流的强度对暴雨影响更大。

2.4　东亚副热带西风急流的中期变化与江淮梅雨的关系

副热带西风急流是南、北半球副热带地区对流层上层一支强而窄的高速西风急流带，具有较强的垂直和水平侧向风切变，对维持全球大气角动量、能量的输送和平衡起着重要作用（Endlich et al，1957；Cressman，1981），其季节变化和强度扰动对区域乃至全球天气、气候都有重要影响，尤其副热带西风急流通常与高空锋区相对应，而锋区内扰动的发展和风暴的生成往往会带来剧烈天气（Uccellini，1979；高守亭 等，1992）。观测表明，副热带西风急流主要存在于高空 200 hPa 等压面上，环半球急流带上有多个风速的最大值中心（Berggren et al.，

1958)。北半球副热带高空急流主要有三个定常风速最大值中心,分别位于东亚、北美和中东上空,其中,东亚上空的中心最强(丁一汇 等,1988),该区域急流带通常称为东亚副热带西风急流。EASJ 是东亚季风环流系统中的重要成员,影响着东亚大气环流的季节转换、中国东部夏季典型雨季的旱涝以及东亚夏季风活动(叶笃正 等,1958;李崇银 等,2004;Lu,2004;陶诗言 等,2006;金荣花 等,2012)。本节主要介绍东亚副热带西风急流的中期变化及其对梅雨异常的影响机制。

2.4.1　夏季东亚副热带西风急流扰动的时空特征

EASJ 活动主要呈现急流的经向位移和强度变化这两种特征。从年际变化尺度看,主要受辐射季节变化以及东亚特殊的海陆分布和青藏高原大地形作用(况雪源 等,2006)。但是在某个特定季节,EASJ 还受沿急流传播的准静止遥相关波列影响。理论分析提出,副热带地区对流层顶是 Rossby 波传播的重要区域,副热带西风急流起波导作用(Hoskins et al.,1981;Terao,1999a,1999b),西风急流波导效应可以将上游的波活动传播到下游地区(Hoskins et al.,1993)。在夏季,亚洲西风急流中存在着沿西风急流传播的遥相关波列(Ambrizzi et al.,1995;Lu et al.,2002),该遥相关波列是准定常 Rossby 波沿亚洲对流层上层副热带西风急流传播的结果(Chen et al.,2012),称之为"丝绸之路"遥相关型(Enomoto et al,2003)。"丝绸之路"遥相关型影响着东亚副热带西风急流的经向偏移(Lu et al.,2002;Ding Q et al.,2005;Lin,2010),从而造成东亚夏季 7—8 月大气环流的季节循环进程的提前和延迟(廖清海 等,2004),也对副热带高压和东亚夏季风雨带北进和南退有重要影响(陶诗言 等,2006)。

除了上述行星尺度准静止波列对东亚副热带急流经向偏移的影响,天气尺度高频斜压波活动也会对急流扰动发展和维持起到一定作用。例如,梅士龙等(2009)对 1998 年长江中下游梅雨期间对流层上层高频斜压波(周期≤7 d)活动的研究表明,梅雨期间的高频斜压波动具有明显的下游频散效应,在其东传过程中常组织成局地波包向下游传播,为长江流域暴雨的发生发展提供了必要的能量积聚。而沿高空急流带存在准定常波列(7 d<周期<30 d),为高频斜压波动的传播提供了有利的背景条件。Xiang 等(2012)指出,瞬变强迫的动力作用有助于急流南北偏移异常的维持,而瞬变强迫的热力作用则不利于急流异常的维持。由于动力作用比热力作用更为明显,所以瞬变强迫的总体作用有助于急流异常的维持。任雪娟等(2010)通过对对流层上层大尺度特征和瞬变扰动活动分析发现,强盛的冬季 EASJ 相伴的是较弱的天气尺度瞬变扰动。

上述研究主要从波流相互作用和 Rossby 波能量频散理论,揭示了东亚副热带西风急流活动与行星尺度准静止波列和天气尺度高频斜压波扰动的相互依存关系。然而 EASJ 上西风扰动是否主要由行星尺度波和天气尺度高频波两种模态构成,而且这两种模态的空间分布和时间演变是否能够反映东亚副热带西风急流扰动的经向位移和强度变化?与中国东部雨带位置变化的关系如何?下面就上述问题,从空间尺度分离和季节变化的角度进行分析。

2.4.1.1 夏季东亚副热带西风急流扰动空间尺度特征

图 2.15a 和 b 分别是 1960—2015 年夏季(6—8 月)北半球 200 hPa 平均纬向风场及其扰动场。由图 2.15a 可见,200 hPa 纬向风场上有一条环半球西风大值带,西风带上存在三个风速大值中心,分别位于东亚、北美和中东上空,东亚和北美上空急流中心风速向西逐渐减小,分别在大西洋东岸和太平洋东岸断裂,从而形成北美至大西洋东岸和北非至太平洋东岸的两个相对独立的东、西半球急流带,位于东亚—西太平洋地区的准纬向高空西风急流带称为东亚副热带急流带。东亚副热带急流带中心轴线位于 40°N 附近,中心强度超过 30 m·s^{-1},为全球最强风带(Cressman,1981;丁一汇 等,1988)。在相应的 200 hPa 纬向风扰动场(图 2.15b)上,西半球扰动场与平均场差异显著,出现南、北两个分支,热带地区的南支急流扰动的强度和覆盖区域大于北支西风急流扰动,西风扰动空间分布表现出更为复杂的特征,由于不是本节研究问题,这里不再赘述。本节重点分析东亚副热带西风带西风扰动空间分布情况,由图可见,在平均场上西风带南北跨度较大,从 35°N 向北延伸到极地,扰动场西风扰动主要集中在西风急流带上,而且 EASJ 西风扰动也呈带状分布,且扰动中心的位置与平均场吻合。从强度上来看,扰动场中心强度为 12 m·s^{-1},平均场中心强度为 33 m·s^{-1},占比 35%以上。同样统计分析冬季东亚西风带的扰动空间分布,发现冬季东亚西风带的西风扰动也具有集中于急流带上,且呈带状分布的特征,只是冬季扰动强度较夏季明显偏强,扰动中心强度为 33 m·s^{-1},平均场中心强度为 73 m·s^{-1},占比超过 45%。

大气扰动是由多种尺度波动合成的,扰动场是剔除纬向平均零波的多种尺度波的合成,其决定了大气环流的波动形态,影响着全球的天气气候分布。采用谐波分析方法对 200 hPa 纬向风进行空间尺度分离,按照空间尺度由大到小,从超长波、长波、行星尺度波、天气尺度波以及更小尺度波的多种空间尺度进行滤波分析。图 2.15c～f 仅给出 1960—2015 年夏季(6—8 月)200 hPa 平均纬向风的行星尺度和天气尺度合成扰动场、行星尺度扰动场、天气尺度扰动场以及更小尺度扰动场的空间分布,通过对比分析发现,行星尺度和天气尺度合成波(图 2.15c)与 200 hPa 纬向风扰动场(图 2.15b),无论在位置、强度以及波动形态上都非常吻合。反映行星尺度波和天气尺度波合成波(1～12 波)可以代表 200 hPa 纬向风扰动场的空间分布。200 hPa 纬向风行星尺度扰动场(图 2.15d)呈现 4 波为主的纬向型分布,其纬向风扰动分布、强度以及波动形态与扰动场十分相近,但大值中心的纬向覆盖范围比扰动场(图 2.15b)大,强度偏弱。200 hPa 纬向风天气尺度扰动场(图 2.15e)呈现 7 波为主的经向型分布,其波

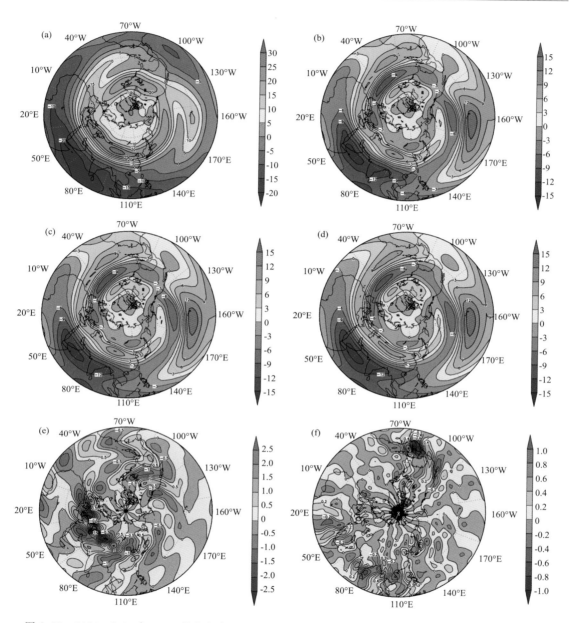

图 2.15　1960—2015 年 6—8 月北半球 200 hPa 纬向风平均场(a)、扰动场(b)、行星尺度和天气尺度

合成扰动场(c)、行星尺度扰动场(d)、天气尺度扰动场(e)以及更小尺度扰动场(f)

(图中最外围纬圈是赤道，单位：m·s^{-1})

动形态与扰动场纬向型分布差异较大，扰动中心的纬度位置分布在 40°N 附近，与夏季东亚副热带西风急流轴和西风扰动轴的位置相吻合，扰动最大中心值为 2.5 m·s^{-1}，位于 90°E 附近，两个次大值中心分别位于 140°E 和 160°E 附近，恰好对应着平均场(图 2.15a)上东亚副热

带急流带的一个极大值中心和两个次大值中心。200 hPa 纬向风更小尺度扰动场（12 波以上）（图 2.15f）表现为 14 波为主的经向型分布，扰动主中心活动在 10°～20°N 范围的高空东风急流区内，中心最大值为 1 m·s^{-1}；扰动次中心活动在高空西风急流所在的 40°N 附近，中心最大值不足 0.4 m·s^{-1}，与扰动场强度差 1 个数量级。由此可见，扰动场主要由行星尺度和天气尺度波动合成，更小尺度扰动活动主要活跃在热带东风急流区。

对 1960—2015 年 6—8 月北半球 200 hPa 西风扰动场与同期不同尺度波西风扰动场计算统计相关（图 2.16），相关系数绝对值大于 0.27 通过显著性水平 $\alpha=0.05$ 的显著性检验。由图可见，行星尺度波和天气尺度波与扰动场的相关性差异比较大，行星尺度扰动场相关系数普遍在 0.87 以上，相关系数自极区向低纬度地区逐渐减小，在东亚副热带西风急流带上，相关系数普遍在 0.9 以上，分布较为均匀。对于天气尺度扰动场，相关系数均在 0.57 以下，东半球相关系数大值区域分布较为零散，东亚副热带急流带上存在两个相关系数大值中心，分别位于 90°E、140°E 附近，这与天气尺度扰动的正值中心区域相吻合。

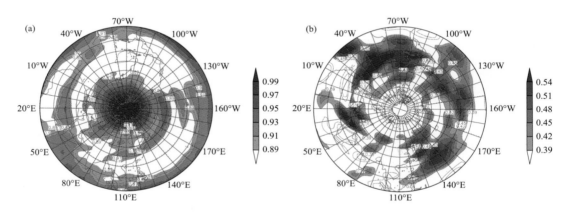

图 2.16　1960—2015 年 6—8 月北半球 200 hPa 纬向风扰动场与行星尺度扰动场（a）和
天气尺度扰动场（b）相关系数分布

（图中最外围纬圈是赤道；相关系数绝对值大于 0.027 通过显著性水平 $\alpha=0.05$ 的显著性检验）

上述分析表明，行星尺度波主要以 4 波活动为主，且在东亚副热带西风急流带上与扰动场相关系数普遍在 0.9 以上，反映了行星尺度扰动是决定副热带西风急流或者扰动带主要波动形态和强度特征的关键要素；而天气尺度波主要以 7 波活动为主，且在东亚副热带急流带上两个相关大值中心与天气尺度扰动的正值中心相重叠，说明天气尺度扰动决定着副热带西风扰动或者急流的强度波动，是叠加在行星尺度主形态上的强度波动。统计上显著的空间配置和相关关系说明了行星尺度扰动和天气尺度扰动对于副热带西风带或者急流的西风扰动位置和强度的重要影响，这也可以从其他研究者的研究中得到证实。例如，杨莲梅等（2007）的研究指出，夏季东亚西风急流 Rossby 波扰动动能对于急流位置有显著影响，扰动动能加强（减弱），东亚西风急流位置偏南(北)、强度偏强(弱),Xiang 等(2012)认为气候平均而言瞬变扰动有利于 EASJ 的维持,瞬变扰动与 EASJ 之间存在着直接的动力学联系。

行星尺度扰动场是超长波和长波扰动的合成场,本节同样也分析了超长波、长波扰动场及其与扰动场的相关性,这两种波与扰动场的相关性均低于行星尺度扰动场(图略)。因此在下面的分析中,将重点围绕行星尺度波和天气尺度波两个具有代表性的尺度扰动进行讨论。

2.4.1.2 夏季东亚副热带西风急流扰动的变化特征

从季节变化尺度来看,东亚副热带西风急流的活动主要表现为由冬季向夏季(由夏季向冬季)位置的季节性北移(南退)和强度的减弱(增强),夏季副热带西风急流的活动及其强度变化将影响我国东部雨带位置和强度的变化(Lin et al.,2005)。下面从不同尺度扰动情况,重点分析夏季东亚副热带西风急流扰动的位置和强度变化特征,并讨论其与中国东部夏季典型雨季的关系。

(1)位置变化特征

利用北半球 200 hPa 纬向风不同尺度扰动场的 EASJ 急流位置指数,分析 EASJ 的位置扰动变化特征。根据 1960—2015 年 6—8 月北半球 200 hPa 平均纬向风不同尺度扰动场的 EASJ 位置指数逐日演变的情况(图 2.17a)来看,东亚副热带西风急流位置的逐日演变总体呈稳定北抬,至盛夏 7 月底抬至最北位置(43°N)后,再缓慢南落的变化过程,这与中国东部地区雨带稳定北抬,而后缓慢南落的季节性变化相对应,反映了 EASJ 扰动场的位置变化与中国东部夏季雨带位置变化有密切的关系(图 2.17c)。如图所示,6 月 1—16 日扰动场 EASJ 位置在 35°~36°N 波动,这个阶段对应中国华南前汛期降水,此期间 EASJ 位置较华南主雨区偏北 10 个纬距左右;6 月 16 日—7 月 16 日扰动场 EASJ 位置在 37°~39°N 缓慢北抬,此阶段对应中国江淮梅雨,此期间 EASJ 位置较江淮梅雨主雨区偏北 8 个纬距左右;7 月 17 日再度北抬至 40°N,7 月 29 日北抬至最北位置约 43°N,之后逐渐南退,此阶段对应着中国华北雨季,此期间 EASJ 位置较华北雨季主雨区偏北 5 个纬距左右。可见,东亚副热带西风急流与中国东部雨带位置发生经向位移变化的同时,两者之间纬距逐渐减小,这必将造成 EASJ 对夏季中国东部三个典型雨季的影响和作用不同,是非常值得关注和研究的课题。

行星尺度场的急流位置演变与扰动场急流位置演变曲线同步变化,吻合度非常高。而天气尺度扰动场的急流位置维持在 38°~40°N 一个相对狭窄的纬度范围内小振幅波动,没有表现出急流位置由初夏到盛夏达 10 个纬距的北抬南落的经向位移。说明在气候态上,夏季中国东部雨带位置的季节性进退主要受到沿副热带急流行星尺度位置扰动制约。此外,值得注意的是,三个扰动场的急流位置在 6 月 29 日—7 月 16 日重合,此期间对应着中国江淮梅雨期,说明作为东亚地区夏季最为典型的雨季,江淮梅雨受到沿副热带急流的行星尺度和天气尺度扰动的叠加作用。这也可以解释为什么江淮梅雨期东亚副热带西风急流强度比夏季平均急流强度偏强(金荣花 等,2012)。

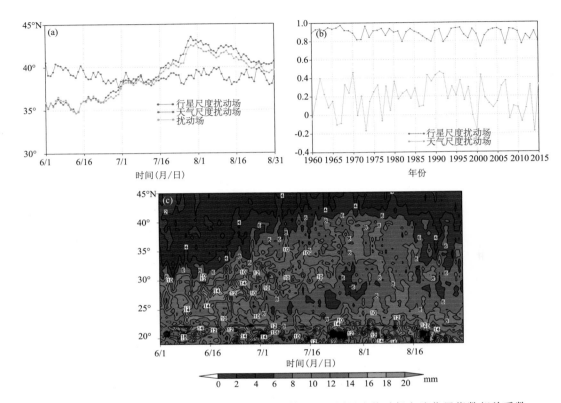

图 2.17 1960—2015 年 6—8 月 EASJ 位置指数(a)、不同尺度扰动场急流位置指数相关系数年际变化(b)和中国东部(110°~120°E)平均日降水量逐日演变(c)

对 1960—2015 年 6—8 月不同尺度扰动场的西风急流位置指数与同期扰动场急流位置指数逐年进行统计相关分析(图 2.17b),相关系数绝对值大于 0.205 即通过显著性水平 $\alpha=0.05$ 的显著性检验。行星尺度场的急流位置指数和扰动场位置指数为正相关,说明行星尺度扰动对于副热带急流位置扰动为正贡献。总体两者相关系数呈现波动变化特征,具有显著的较高相关性,而且这种相关性也表现出显著的年际变化特征,56 年中有 49 年相关系数在 0.8 以上,最高是 1967 年,为 0.97,最低是 2001 年,为 0.73。天气尺度扰动场的急流位置指数与扰动场急流位置的相关性相对较弱,有 30 年未通过显著性检验,相关系数为−0.2~0.4,说明天气尺度扰动对于急流位置扰动的贡献有正有负,但负相关系数较小且均未通过显著性检验,表明天气尺度扰动对于急流位置扰动的贡献也主要为正。瞬变涡度强迫在 EAJS 位置变化中起着正反馈作用,即瞬变扰动始终有使 EAJS 位置更加偏北的趋势。这与本节得到的天气尺度扰动对于夏季副热带急流位置的正反馈作用是一致的(Xiang et al.,2012)。

可见,不论是在气候平均态还是在年际变化上,EASJ 位置活动由行星尺度扰动场的准定常波动主导,并进而影响中国东部夏季雨带的位置。其中,天气尺度扰动对于急流的位置贡献较行星尺度小;天气尺度扰动在行星尺度扰动范围内活动,尤其在江淮梅雨期间,天气尺度扰动与行星尺度扰动以及扰动场急流位置重叠一致。这印证天气尺度扰动受到行星尺度波动的制约,是行星尺度波上叠加的高频小振幅扰动,不同尺度下的西风急流位置的经向位移都在西风急流的位置活动纬度范围内振荡,表现出不同大小的振幅和相应的振荡周期。

(2)强度变化特征

利用北半球 200 hPa 纬向风不同尺度扰动场的 EASJ 急流强度指数,分析 EASJ 的强度扰动变化特征。根据 1960—2015 年 6—8 月不同尺度扰动场的 EASJ 强度指数逐日演变情况(图 2.18a)来看,东亚副热带西风急流强度的逐日演变总体呈稳定减弱,至盛夏衰减为最弱阶段,而后缓慢增强的变化过程,行星尺度扰动场的急流强度演变与扰动场急流强度演变曲线同步变化,吻合度非常高,两者相关性很高,相关系数 56 年中有 55 年在 0.8 以上,最大相关系数为 0.97,最小相关系数为 0.78,出现在 2002 年(图 2.18b);天气尺度扰动场的急流强度维持在 $4\sim6$ m $\cdot$ s^{-1} 一个相对狭窄的范围内小振幅波动,与扰动场强度指数呈负相关,通过显著性水平 $\alpha=0.05$ 的相关系数小于 -0.205 的有 7 年,最小负相关系数为 -0.42,出现在 1981 年。

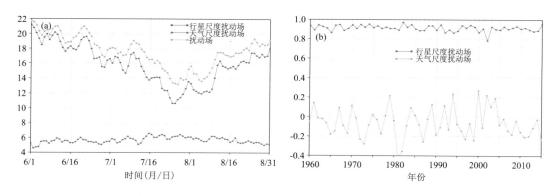

图 2.18　1960—2015 年 6—8 月 EASJ 强度指数(a,单位:m $\cdot$ s^{-1});1960—2015 年 6—8 月

不同尺度波与扰动场急流强度指数相关系数年际变化(b)

结合图 2.17a 和图 2.18a 分析发现,随着扰动场和行星尺度扰动场副热带急流位置的北抬(南落),扰动强度减弱(增强),天气尺度扰动强度增强(减弱),扰动场和行星尺度扰动场强度差值增大(减弱),并进而对中国夏季降水产生影响。可以推断在不同的雨季,行星尺度波和天气尺度波的配置是不同的。例如,在华北雨季(7 月下旬—8 月上旬),急流位置处于 40°N以北,为峰值期,行星尺度急流强度为低谷期,仅为 $10\sim12$ m $\cdot$ s^{-1},而天气尺度扰动达到季内峰值期,超过 6 m $\cdot$ s^{-1},即天气尺度强度扰动活跃,行星尺度强度扰动变弱。在江淮梅雨期

（6月14日—7月15日），情形相反，急流位置在37°～39°N缓慢北抬，行星尺度急流强度在15～20 m·s^{-1}波动，天气尺度急流强度在5 m·s^{-1}左右稳定，即行星尺度扰动强度相对较强，而天气尺度扰动强度相对较弱。

（3）周期性特征

按照时间尺度划分，大气运动变化可以分为大气低频变化（指时间尺度为10 d以上的变化、天气尺度变化和高频变化（指小于2 d的变化）。如上所述，EASJ在空间上表现为行星尺度为主的大尺度系统特征，天气尺度波是叠加在行星尺度主形态上的强度波动。下面采用Morlet小波分析方法对其时间尺度演变的周期性特征进行分析。

对1960—2015年6—8月北半球200 hPa纬向风平均场、扰动场、行星尺度场、天气尺度场EASJ位置指数作小波变换，从小波变换分析结果可以提取出EASJ位置指数时间频域上的变化情况（图2.19）。可以看到这四个指数小波方差在全频域上出现三个峰值，其中，原始场、扰动场和行星尺度扰动场的小波方差变化曲线重合度较高，在38 d和21 d出现方差贡献峰值，第三个峰值原场出现在10 d，而扰动场和行星尺度场出现在13 d。天气尺度场表现出独特的时间振荡频率特征，分别在8 d、16 d、28 d出现峰值，其中16 d为主峰值。从56年逐年分析的小波方差主周期频次统计来看（表2.5），原场的主频次周期前三位是8 d、15 d、13 d，扰动场和行星尺度场主频次周期前三位是12 d、13 d、14 d，天气尺度主周期前三位是6 d、5 d、7 d。可见，原场的急流位置时间变化周期性是天气尺度变化与行星尺度变化的综合体现，扰动场和行星尺度场的扰动位置时间变化频率特征一致。中国夏季的典型雨季也具有显著的周期变化特征。例如，梅雨具有准双周振荡的季节内特征（Lau et al.，1987；Chen et al.，2000），华北汛

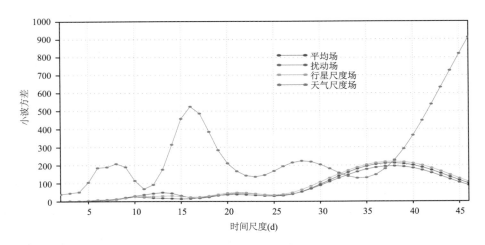

图2.19 1960—2015年6—8月北半球200 hPa纬向风平均场、扰动场、
行星尺度场、天气尺度场EASJ位置指数小波方差分布图

期降水偏阶段性特征,从开始到结束,都存在单一的、显著的 3～8 d 天气时间尺度的周期振荡高频降水(刘海文 等,2011a)。典型雨季这种显著的周期性特征与 EASJ 扰动周期性变化存在着关联性。

综合上述分析,在中国江淮梅雨季节,东亚副热带西风扰动季节性北抬至 37°～39°N,由于行星尺度扰动占主导作用,扰动位置变化主要考虑准双周(13 d)的低频变化,雨带位置表现为稳定少动特征;在华北雨季,东亚副热带西风急流季节性北抬至 40°N,由于行星尺度扰动减弱而天气尺度扰动增强,主要关注准单、双周(6 d、13 d)的多频叠加效应。

表 2.5　56 年(1960—2015 年)6—8 月东亚副热带西风急流位置指数小波方差贡献周期频次统计

	原场	扰动场	行星尺度	天气尺度
主周期前三位(d)	8/15/13	14/13/12	12/13/14	6/5/7
频次(年)	13/10/9	12/12/11	14/10/8	15/14/12

2.4.2　梅雨异常年东亚副热带西风急流中期变化及其影响机制

金荣花等(2012)通过对东亚副热带西风急流与梅雨异常关系的天气学分析发现(图 2.20),丰梅年(1969、1980、1983、1991、1996、1998 和 1999 年)较空梅年(1965、2000、2002 和 2009 年)急流强度偏强,急流带狭窄,质量与动量集中。逐日演变特征表现为,丰(空)梅年急流围绕气候态位置(37.5°N)经向平稳摆动(振荡幅度大),关键区(110°～130°E,30°～37.5°N)纬向风强度偏强(弱),东亚至西太平洋(80°～160°E)上空急流最大中心主频次在 125°E

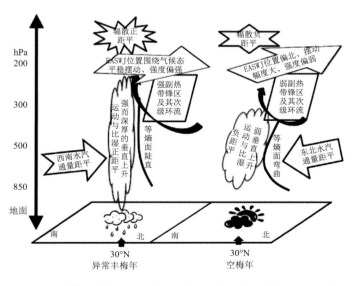

图 2.20　异常丰梅年和空梅年三维空间动力热力结构对比示意图

(145°E)附近,靠近(远离)我国东部地区并位于下风方。影响梅雨异常的动力、热力诊断分析表明,丰梅年,200 hPa 我国东部地区上空急流轴线、散度零线和散度距平零线在 37.5°N 附近"重合",急流轴以北为辐合,以南为强辐散,辐散中心区与辐散距平中心区"重合"在长江中下游地区上空,高空强辐散流出,对应低层强辐合流入,配合从底层到高层深厚的强垂直上升运动,为梅雨提供了良好的动力环境场;高低空急流耦合作用,有利于低空西南风加强,长江中下游以南地区为西南水汽通量距平,为持续性降水提供了良好的水汽输送条件;强高空副热带锋区配合典型陡直梅雨锋区,有利于高空急流质量和动量维持,也利于深对流发展。空梅年的情形则相反。因此,从强度、位置及其变化等多方面综合监测和分析东亚副热带西风急流中期变化特征,可以很好地把握和认识急流对梅雨异常的影响,这对梅雨中期预报很有帮助。

2.4.2.1 东亚副热带急流扰动的中期时间尺度特征

通过分析 1960—2015 年 6—7 月 200 hPa 纬向风及其标准差分布发现(图 2.21),东亚副热带西风急流 120°E 急流轴位置在 37.5°N,标准差大于 4 m·s⁻¹,覆盖范围为 90°E 以东地区,经向活动范围集中在 30°~45°N,反映急流带上风速强度扰动集中在这个区域。因此,将(90°~150°E,30°~45°N)范围定义为 EASJ 关键区(金荣花 等,2012)。

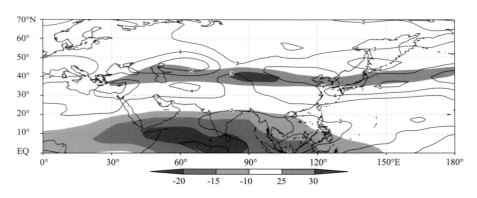

图 2.21 1960—2015 年 6—7 月 200 hPa 纬向风(阴影,红色:大于 30 m·s⁻¹;
蓝色:小于−10 m·s⁻¹)及其标准差(等值线,单位:m·s⁻¹)

对多年平均、7 个丰梅年和 4 个空梅年梅雨季节(6—7 月)200 hPa 关键区纬向风平均资料进行 Morlet 小波分析并通过红噪声检验,得到主周期信号分别为 31~33 d、30~32 d 和 31~34 d。中高纬大气月以上尺度(30~60 d)低频振荡是大气内部固有特征,在天气气候的演变中扮演重要角色(Krishnamurti,1961;李崇银 等,1990)。但由于 30~60 d 低频振荡的显著性压制了本节所研究的中期尺度准双周低频和天气尺度变化信号,因此下面将滤除 30 d 以上尺度变化后,对纬向风进行小波分析。图 2.22 是多年平均、丰梅年和空梅年 200 hPa 纬向风滤除 30 d 以上信号的小波分析,更短时间尺度周期信号显现出来,主周期信号为天气尺度

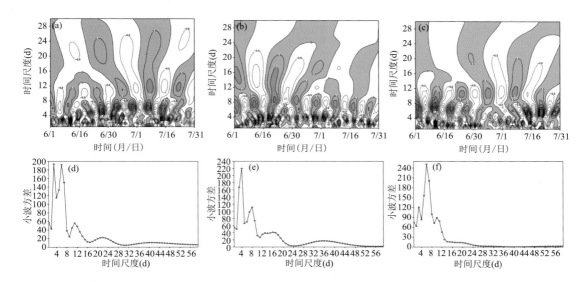

图 2.22　东亚副热带西风急流关键区 200 hPa 纬向风滤除 30 d 以上变化小波分析和方差序列

（a、d：多年平均；b、e：丰梅年；c、f：空梅年）

信号，多年平均为 3～7 d，丰梅年为 3～4 d 和 8 d，空梅年为 5～7 d，次周期信号为准双周低频信号，多年平均、丰梅年和空梅年分别为 10～13 d、12～17 d 和 10～11 d。同时，对 11 个梅雨异常年分别滤除 30 d 以上信号纬向风后进行小波分析，逐年统计显著性周期信号，7 个丰梅年的天气尺度信号主要集中在 4 d、7 d 和 8 d，4 个空梅年的天气尺度信号主要集中在 4 d 和 6 d。另外一个相对比较集中的是 10～15 d 准双周低频信号，11 年中只有 1996 年和 2000 年没有此时域的周期信号，分别表现为 23 d 和 18 d 信号。综合以上分析，在梅雨季节中期尺度大气动力过程中，无论多年平均、丰梅年和空梅年，主要表现为 3～8 d 天气尺度和 10～15 d 低频 Rossby 波变化，下面主要针对这两个时间尺度 Rossby 波扰动能量分布及传播进行分析。

2.4.2.2　沿东亚副热带急流 Rossby 波扰动波包分布

（1）天气尺度扰动波包分布

图 2.23 是合成分析多年平均、7 个丰梅年和 4 个空梅年 6—7 月 200 hPa 纬向风的 3～8 d 天气尺度扰动波包分布。多年平均图（图 2.23a）上，从欧洲至北太平洋 35°～60°N 中高纬度地区存在扰动波包大值带，波包带上扰动波包强度呈"高—低—高—低—高"分布，扰动波包最强区域出现在中国黑龙江偏东地区至鄂霍次克海西海岸，次高值区域在欧洲西海岸至黑海附近，巴尔喀什湖附近有弱高值中心，三个高值之间是相对低值区域，反映了 EASJ 上 3～8 d 天气尺度扰动能量呈现波列分布。同时注意到，扰动波包值最大区域主要集中在 90°～150°E 的东亚地区，扰动波包从热带低纬东风带到副热带西风带呈现"高—低—高"经向波列分布，两个东、西风高空急流上扰动波包高值带之间是扰动波包低值带，与对流层高层南亚高压系统东部

相对应,反映南亚高压弱风区低扰动能量的模态。早前就有学者关注到这两个波列,黄荣辉等 (1994)研究指出,90°E 以东的东亚地区准定常经向波列,与东亚/太平洋型(EAP 型)遥相关波 列有关,而 Enomoto 等(2003)把亚洲副热带西风急流上纬向波列结构,称为"丝绸之路"型遥 相关。纬向和经向两个波列交汇于 EASJ 上,这可能说明 EASJ 上 Rossby 波能量频散存在着 与副热带、热带系统联系的动力学机制,是东亚天气气候重要影响系统。

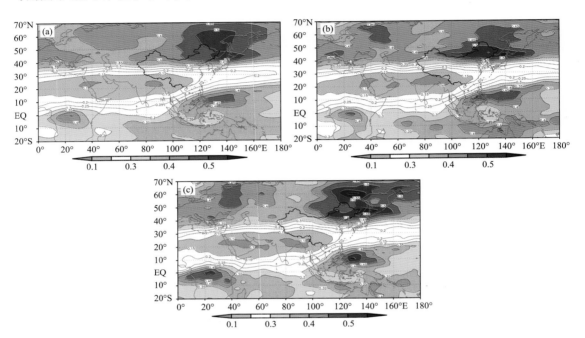

图 2.23 合成分析多年平均、丰梅年和空梅年 6—7 月 200 hPa 纬向风的 3~8 d 天气尺度扰动波包

(a. 多年平均;b. 丰梅年;c. 空梅年)

丰梅年(图 2.23b)和空梅年(图 2.23c)天气尺度 Rossby 波扰动波包强度在急流带上呈 "高—低—高—低—高"分布,但扰动能量沿亚洲副热带急流(Asian subtropical westerly jet, 简称 ASWJ)向下游频散过程中波列位相出现差异,丰梅年较空梅年位相偏西 10~15 个经度, 接近反位相。例如,在里海附近丰梅年为波包高值区,空梅年为波包低值区;在巴尔喀什湖附 近丰梅年为波包高值区,空梅年为低值区。此外,EASJ 上波包最强区域(波包大于 0.50)丰梅 年集中在(40°~50°N,100°~150°E);空梅年集中在(40°~75°N,105°~160°E),且鄂霍次克海 地区波包强度更强。波包强度强,代表长波槽活跃(宋燕 等,2006),不利于鄂霍次克海阻塞高 压形势建立,梅雨降水偏少。在 90°~150°E 的东亚地区,丰梅年和空梅年扰动波包分布呈现 "高—低—高"经向波列结构,但低纬波包强度空梅年大于丰梅年,空梅年强度中心等值线为 0.55,丰梅年为 0.45。

（2）10～15 d 低频扰动波包分布

在 10～15 d 低频扰动波包分布图（图 2.24）上，同样存在"丝绸之路"型和 EAP 型遥相关波列结构，但丰梅年和空梅年差异明显。在纬向波列方面，波包强度最大值中心位置，丰梅年在咸海和巴尔喀什湖之间，空梅年在中国东北部地区，反映了丰梅年扰动能量集中在上游，更有利于为下游降水提供能量和动量。同样，纬向波列位相有差异，丰梅年较空梅年位相系统性偏西。在经向波列方面，丰梅年的波包值整体弱于空梅年。

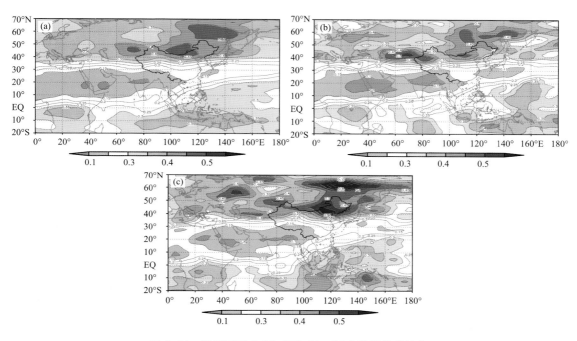

图 2.24　说明同图 2.23，但为 10～15 d 低频扰动波包

注意到，3～8 d 天气尺度和 10～15 d 低频 Rossby 波扰动波包，低纬度扰动波包丰梅年均明显弱于空梅年。低纬度扰动波包与副热带季风环流圈高层南亚高压南侧的东风急流带和热带季风环流圈高层南支东风急流带有关（图 2.20），都属于东亚季风环流系统（何金海 等，2004）。丰梅年扰动波包强度偏弱，反映东亚夏季风环流偏弱，张庆云等（2003）在分析东亚季风环流系统与江淮流域汛期降水异常的关系时得出，东亚夏季风环流偏弱，江淮流域降水偏多。Huang 等（1987）理论研究也表明，EAP 型遥相关是夏季菲律宾周围强对流活动生成的热源强迫所产生的准定常行星波在北半球传播的结果，夏季菲律宾周围热带西太平洋上空对流活动强的情况下，我国长江、淮河流域梅雨弱；反之亦然。这些理论分析结果与本节从扰动波包角度分析的事实相吻合。

相比较而言，沿东亚副热带西风急流 Rossby 波低频扰动波包较天气尺度扰动波包强中心位置更偏西,丰梅年与空梅年的扰动波包分布形态差异更明显。

2.4.2.3 沿东亚副热带急流 Rossby 波能量传播

黄荣辉等(2016)研究指出,影响东亚夏季气候变异最重要的两个遥相关型是沿亚洲副热带急流纬向传播的"丝绸之路"型遥相关和沿东亚经向传播的 EAP 型遥相关。Enomoto 等(2003)提出"丝绸之路"型遥相关是准定常 Rossby 波沿亚洲对流层上层副热带急流传播的结果。因此,下面从波源和波能传播角度,认识丰梅年与空梅年中期尺度 Rossby 波能量传播差异,进一步探讨扰动能量波列形成机制。

Sardeshmukh 等(1988)采用异常涡度源 S' 的分布了解大气定常行星波产生的源地和机制。异常涡度源 S' 数值越大,表明异常环流的强迫源强度越大(耿全震 等,1996)。图 2.25 是丰梅年和空梅年 1960—2015 年 6—7 月 200 hPa 异常涡度源空间分布,正涡度源异常极大值中心在地中海地区,但丰梅年比空梅年的异常涡度源强度更强,位置偏西,丰梅年在 20°E 附近,空梅年在 30°E 附近。在 60°E 附近有一个正涡度源异常次中心,这可能与乌拉尔山地形强迫有关。

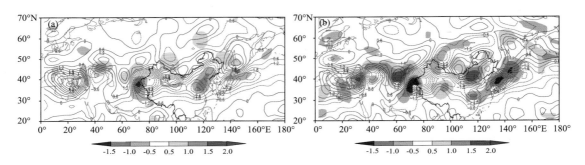

图 2.25　1960—2015 年 6—7 月 200 hPa 丰梅年(a)和空梅年(b)涡度源 S'

(等值线,单位:10～11 s^{-2})及其距平(阴影)

图 2.26 为合成分析梅雨季节(6—7 月)丰梅年、空梅年 200 hPa 水平波作用通量及其散度、纬向风分布,沿 ASWJ 急流波作用通量在纬向方向上基本向东,Rossby 波沿急流带东传并向下游频散。丰梅年、空梅年波作用通量散度沿 ASWJ 呈辐合、辐散交替分布,反映了波流的相互作用,与扰动波包纬向波列相对应,反映"丝绸之路"型遥相关是准定常 Rossby 波沿 ASWJ 传播的结果。波作用通量在 90°E 以东的东亚地区显著增强,表现为强的波作用通量及其辐合、辐散,表明 Rossby 波沿 ASWJ 东传过程中在东亚地区下游频散效应和波流相互作用明显加强,也反映了 Rossby 波传播对东亚地区天气气候影响非常重要。在东亚地区,丰梅年与空梅年波作用通量辐散辐合分布为反位相,丰(空)梅年 3～8 d 天气尺度波和 10～15 d 低频变化沿 EASJ 的波作用通量散度为"－＋"("＋－＋")分布。

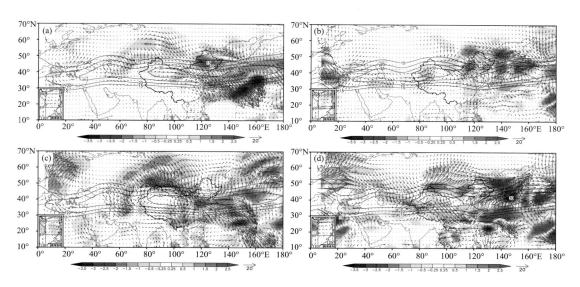

图 2.26　梅雨季节(6—7 月)200 hPa 水平波作用通量(矢量,单位:m² · s⁻²)和波作用通量散度(阴影,

单位:10⁻⁶ m · s⁻²,"＋"代表辐散区域,"－"代表辐合区域)以及平均纬向风(大于 15 m · s⁻¹等值线)

(3～8 d(a. 丰梅年;b. 空梅年)和 10～15 d(c. 丰梅年;d. 空梅年))

同样,在东亚地区丰梅年和空梅年波作用通量散度存在"＋－＋"经向波列分布。但相较于空梅年,丰梅年沿 EASJ 上波作用通量及其辐散更强,丰(空)梅年西风急流强(弱),中国东部地区上空出现大于 30 m · s⁻¹(25 m · s⁻¹)的急流带。丰梅年天气尺度变化波作用通量散度和波流相互作用相较于低频变化更强,空梅年则相反。另外注意到,在东亚地区,波作用通量经向传播大于纬向传播,且丰梅年和空梅年波作用通量传播路径差异明显。丰梅年波作用通量自乌拉尔山地区向西南方向,在 100°E 附近进入 EASJ,然后继续向东南穿越急流带,直抵我国江淮流域及其以南至菲律宾附近海域,江淮流域在 EASJ 南边界的天气尺度和低频波作用通量强,而且在辐散向辐合的过渡带,表明急流加强,为我国江淮流域持续性降水提供扰动能量和动力强迫条件。空梅年波作用通量自印度西北部地区向东北方向进入 EASJ,在 100°E 附近产生分支,一支向东经日本海直抵鄂霍次克海,另一支向东南方向经中国西南地区抵达中国东南部海域,江淮流域是天气尺度和低频波作用通量发散且相对弱的区域,不利于我国江淮流域持续性降水发生。

2.4.2.4　对梅雨异常影响的物理诊断

陶诗言等(2006)分析提出"丝绸之路"型遥相关对于西太副高和东亚夏季风降水的雨带北进或南撤有重要影响。下面采用物理量诊断分析方法,进一步探讨丰梅年与空梅年 200 hPa 沿 EASJ Rossby 波波包分布和能量传播存在的明显差异,是如何影响梅雨的关键环流系统和垂直结构,从而造成降水显著差异。

　　图 2.27 和图 2.28 是合成分析丰梅年和空梅年 6—7 月降水量距平、100 hPa 和 500 hPa 位势高度及其距平场、整层水汽输送距平、水汽通量散度距平和沿 110°～120°E 垂直环流距平。丰(空)梅年 200 hPa 上空 EASJ 上扰动波包波列分布和传播系统性偏西(东)，低频变化能量中心在咸海和巴尔喀什湖之间(在中国东北部地区)并向东传播，在中国东部地区上空波作用矢量集中(发散)且强度偏强(弱)，西风急流强(弱)，通过高低空耦合和急流南侧的高空强辐散作用，低空西南急流加强(减弱)，江淮流域整层水汽通量辐合(辐散)距平，低层强(弱)辐合高层强辐散(零散度)，垂直上升运动增强(减弱)，有(不)利于江淮梅雨降水偏多(金荣花等，2012)。同时，200 hPa 东亚副热带西风急流以南波作用通量辐合(辐散)，有利于南亚高压系统偏强(弱)和偏东(西)，西太副高系统加强(弱)和偏西(东)，有(不)利于江淮梅雨环流形势稳定持续，梅雨降水偏多(少)(杨连梅 等，2007，2008)。这从沿 EASJ Rossby 波波包分布和能量传播角度，进一步充实了影响梅雨的关键环流系统和垂直结构的认识(图 2.29)。

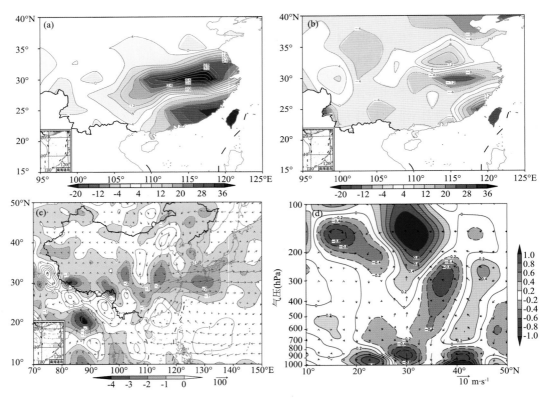

　　图 2.27　合成分析丰梅年降水量距平分布(a，单位：mm)；100 hPa 位势高度场(虚线，单位：dagpm)、500 hPa 位势高度场(细实线，单位：dagpm)、位势高度距平场(阴影，单位：dagpm)、200 hPa 纬向风场(粗实线，单位：m·s⁻¹)(b)；整层水汽输送距平(箭矢，单位：10⁻⁴kg·m⁻¹·s⁻¹)、水汽通量散度距平(等值线、阴影，单位：10⁻⁵kg·m⁻¹·s⁻¹)(c)；沿 110°～120°E 垂直环流(箭矢)、散度(等值线、阴影，单位：10⁻⁶s⁻¹)(d)

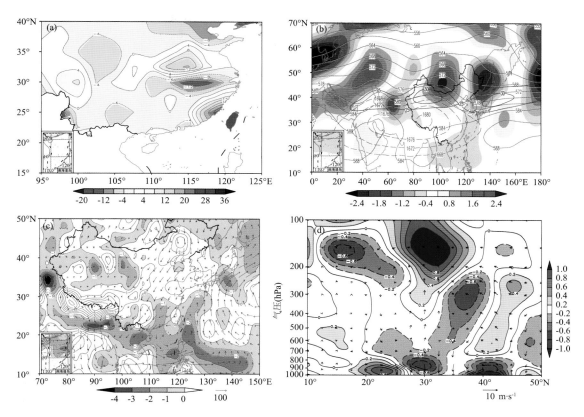

图 2.28　说明同图 2.27,但为空梅年

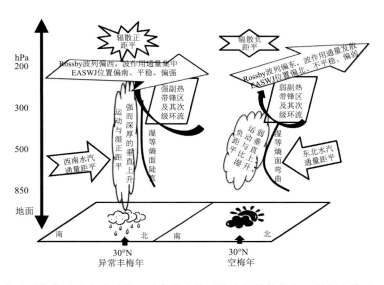

图 2.29　东亚副热带西风急流对梅雨异常影响的三维空间结构物理机制概念模型

2.5 亚洲阻塞高压活动与江淮梅雨的关系

2.5.1 阻塞高压活动地理分布

对天气气候带来严重影响的阻塞高压(简称"阻高"),往往是持续稳定并占据一定空间范围的异常环流形势,因此也称为阻塞高压事件。本节分析的对象是达到阻塞高压事件条件的阻塞形势。国际上对于阻高事件维持的时间尺度的研究很多(Croci-Maspoli et al.,2007),根据现有研究来看,比较通用的是阻高维持时间至少为 5 d(Treidl et al.,1981;Lupo et al.,1995;Chen et al.,2001;Altenhoff et al.,2008)。因此,定义维持时间 5 d 以上、空间大于 15°个经距范围的大尺度阻塞过程为阻塞事件。

据此统计分析1960—2018 年 6—7 月亚洲区域(40°~160°E)阻塞高压事件频次,共计 363次,利用阻塞高压事件高压中心位置数据,绘制亚洲地区阻塞高压中心累积频次地理分布(图2.30),可以看出 6—7 月阻高活动频繁,阻塞形势复杂,几乎遍及整个亚洲中高纬地区。但是相比较而言,有两个阻高活动稀少的区域,分别在 80°~90°E 附近和 120°~130°E 附近,有三个阻高频繁活跃的区域(图 2.30 中红色方框区域),分别位于乌拉尔山附近、贝加尔湖附近和鄂霍次克海附近,并且这三个区域的纬度位置也有一定差异。

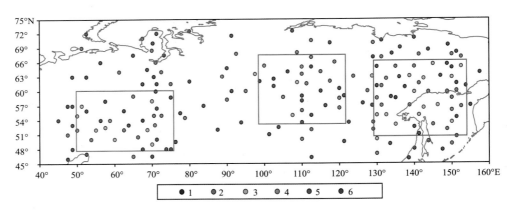

图 2.30　1960—2018 年 6—7 月亚洲地区阻塞高压中心累积频次分布
(红色方框表示阻塞高压频繁活跃区域)

早在 1962 年,叶笃正(1962)就提出与中国气候变化最为相关的阻塞为乌拉尔山阻塞、贝加尔湖阻塞和鄂霍次克海阻塞。国内很多研究也表明,影响我国降雨的阻塞高压主要分布在亚洲地区(杨义文,2001;陈丽娟 等,2005;金荣花 等,2008),在许多统计阻塞高压特征的文献中,也将亚洲地区的阻塞高压划分为乌拉尔山、贝加尔湖、鄂霍次克海关键区域,例如史湘军等

(2007)提出夏季欧亚大陆阻高频繁活动区域为 $45°\sim70°E$ 的乌拉尔山地区、$90°\sim130°E$ 的贝加尔湖地区和 $130°\sim150°E$ 的鄂霍次克海地区,李艳等(2010)将影响中国天气较大的关键区也划分为 $40°\sim80°E$ 的乌拉尔山、$80°\sim120°E$ 的贝加尔湖和 $120°\sim160°E$ 的鄂霍次克海三个关键区,周宁(2016)根据各阻塞区域的地理位置进行区分:乌拉尔山阻塞为 $50°\sim80°E$,贝加尔湖阻塞为 $80°\sim120°E$,鄂霍次克海阻塞为 $120°\sim160°E$。

参考以往文献中阻高活动区域划分结果,结合本节统计分析的亚洲地区阻高活动频次地理分布,并考虑全覆盖亚洲区域阻塞高压事件,将亚洲阻塞高压事件地理区域划分为三个关键区域,分别为乌拉尔山区域($40°\sim80°E$)、贝加尔湖区域($80°\sim120°E$)和鄂霍次克海区域($120°\sim160°E$),据此对三个阻高关键区(以下或简称"关键区")的阻高活动特征及其与梅雨异常联系做进一步的统计分析和研究。

2.5.2　6—7 月亚洲关键区阻塞高压活动特征

2.5.2.1　阻塞高压事件气候特征

在江淮梅雨季节,亚洲的阻塞高压活动较为频繁,1960—2018 年 6—7 月,亚洲关键区共有阻塞事件 363 次,平均每年 6—7 月约有 6 次阻高事件,这与周晓平(1957)在对 1953—1955 年亚洲中纬度区域阻塞形势的统计研究中得到的亚洲 6—7 月阻塞形势较多的结果相一致。

下面对三个关键区的阻塞高压事件分别进行分析和讨论。表 2.6 是亚洲三个关键区多年平均数据的统计结果,在 59 年中,乌拉尔山区域发生阻塞事件 128 次,多年平均次数约 2.2次,累积阻高日数 876 d,多年平均日数约为 14.8 d;贝加尔湖区域发生阻塞事件 102 次,多年平均次数约 1.7 次,累积阻高日数 756 d,多年平均日数约为 12.8 d;鄂霍次克海区域发生阻塞事件 133 次,多年平均次数约 2.3 次,累积阻高日数 903 d,多年平均日数约为 15.3 d。比较三个关键区阻塞事件的次数和累积日数,鄂霍次克海区域阻塞高压最多,乌拉尔山区域次之,贝加尔湖区域相对较少,但总体来说,三个关键区阻塞活动都比较活跃。分别计算三个关键区域阻高活动的生命周期,乌拉尔山区域阻塞事件生命周期在 $5\sim13$ d,平均生命周期约为 6.8 d,贝加尔湖区域生命周期在 $5\sim11$ d,平均生命周期约为 7.4 d,鄂霍次克海区域生命周期在 $5\sim13$ d,平均生命周期约为 6.8 d,总体差异不大。

将同一时间只有一个关键区存在阻塞高压的形势称为单阻形势,两个关键区同时存在阻塞高压称为双阻形势,三个关键区都存在的称为三阻形势。对三个关键区单阻、双阻、三阻形势进行统计,发现 1960—2018 年江淮梅雨季节(6—7 月)存在双阻形势较多,累积双阻日数346 d,平均每年江淮梅雨季节亚洲关键区中高纬上空约有 5.9 d 存在双阻形势。其中,乌拉尔山—贝加尔湖(简称"乌—贝")的双阻日数为 74 d,年平均日数为 1.3 d,贝加尔湖—鄂霍次克海(简称"贝—鄂")的双阻日数为 66 d,年平均日数为 1.1 d,乌拉尔山—鄂霍次克海(简称"乌—鄂")的双阻日数最多,为 206 d,年平均日数为 3.5 d,约占亚洲地区双阻日数的 60%。除此之外,单阻形势的日数为 1798 d,三个关键区同时存在阻塞高压的日数为 15 d。因此,在江淮梅雨季节 6—7 月,亚洲中高纬地区高压活跃,阻塞形势复杂,存在着较为频繁的双阻形势,尤其以乌拉尔山—鄂霍次克海双阻形势居多。这与史湘军等(2007)在统计欧亚大陆 1950—2004 年夏季阻高活动特征中,得到的 6—7 月双阻形势较多的结果相一致。

表 2.6　1960—2018 年 6—7 月平均亚洲关键区阻塞高压活动特征

	乌拉尔山	贝加尔湖	鄂霍次克海	双阻	乌—贝	贝—鄂	乌—鄂
年平均次数	2.2 次	1.7 次	2.3 次	—	—	—	—
年平均日数	14.8 d	12.8 d	15.3 d	5.9 d	1.3 d	1.1 d	3.5 d
平均生命周期	6.8 d	7.4 d	6.8 d	—	—	—	—

2.5.2.2　阻塞高压的年际及年代际变化

(1)阻塞高压事件频次的年际及年代际变化

对 1960—2018 年江淮梅雨季节(6—7 月)亚洲三个关键区阻塞事件发生次数的年际和年代际变化特征进行分析(图 2.31)。由图 2.31 可见,近 59 年,乌拉尔山、贝加尔湖和鄂霍次克海三个关键区的阻高次数年际变化幅度大于三个关键区总的变化幅度,表明这三个关键区江淮梅雨季节的阻高次数在一定程度上存在此消彼长的相互调制关系。在近 59 年 6—7 月,乌

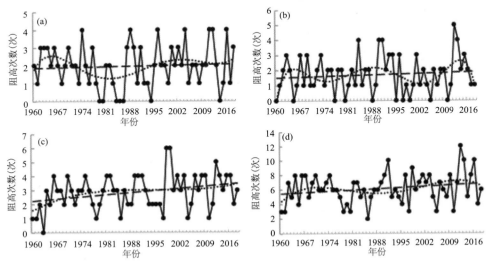

图 2.31　1960—2018 年江淮梅雨季节(6—7 月)亚洲三个关键区阻高次数的年际变化(实线)、线性变化趋势(短划线)和多项式拟合变化趋势(虚线)

(a. 乌拉尔山区域;b. 贝加尔湖区域;c. 鄂霍次克海区域;d. 三个关键区总数)

拉尔山区域阻塞事件年平均次数约为 2.2 次,最大值发生在 1974、1988、1996、2004、2011、
2012 和 2016 年,均为 4 次,而 1979、1980、1984、1985、1986、1994 和 2014 年为无阻塞事件年。
贝加尔湖区域阻塞事件年平均次数约为 1.7 次,最大值发生在 2012 年,为 5 次,而 1960、1965、
1977、1980、1988、1995、1997、1999、2005 和 2010 年为无阻塞事件年。鄂霍次克海区域阻塞事
件年平均次数约为 2.3 次,最大值发生在 1998 和 1999 年,均为 6 次,1963 年为无阻塞事件年。
三个关键区总的阻塞事件年平均次数为 6.2 次,最大值发生在 2012 年,为 12 次,最小值发生
在 1985 年,仅为 2 次。此外,近 59 年的江淮梅雨季节,三个关键区总的阻高次数线性趋势系
数为 0.0239,乌拉尔山区域阻高次数线性趋势系数为 0.0039,贝加尔湖区域为 0.0063,鄂霍
次克海区域为 0.0196。1960—2018 年的江淮梅雨季节,三个关键区的阻塞次数都有略微增加
的趋势,其中线性增加趋势较为明显的是鄂霍次克海区域。

另外,从图 2.31 中的多项式拟合变化趋势线可以看出,在江淮梅雨季节,亚洲三个关键区
总的阻高次数存在明显的年代际变化。近 59 年,总的阻高次数在 20 世纪 60 年代末到 70 年
代相对偏多,从 20 世纪 70 年代开始就略有下降趋势,80—90 年代阻高活动较少,90 年代初阻
高活动开始增加,在 2012 年出现峰值后又略有下降,随着年份的增加,多项式拟合变化趋势线
的峰值及谷值都比上一次高,反映在整体趋势增加的背景下存在明显的年代际变化。在乌拉
尔山区域,60 年代阻高活动偏多,70—80 年代阻高活动偏少,从 90 年代开始,乌拉尔山区域阻
高次数的变化就趋于平稳并略有增加。贝加尔湖区域阻高次数年代际变化也相对较为明显,
60 年代中期、90 年代初期阻高活动相对频繁,2012—2016 年阻高次数也较多,并在 2012 年出
现了一个峰值,20 世纪 90 年代末至 21 世纪初阻高次数较少。鄂霍次克海区域阻高次数增加
的气候变化趋势最显著,但年代际变化不明显。

(2)阻塞高压累积日数的年际及年代际变化

对 1960—2018 年江淮梅雨季节(6—7 月)亚洲三个关键区阻塞事件累积日数的年际和年
代际变化特征进行分析(图 2.32)。同样,近 59 年,乌拉尔山、贝加尔湖和鄂霍次克海三个关
键区的累积阻高日数年际变化幅度大于三个阻高关键区总的变化幅度,表明这三个关键区江
淮梅雨季节的阻高日数在一定程度上存在此消彼长的相互调制关系。对比图 2.32 中的三个
关键区,近 59 年 6—7 月,乌拉尔山区域阻塞事件的累积日数是三个区域中最多的,年平均阻
高日数约为 14.8 d,最大值发生在 1996 年,为 27 d,最小值发生在 1979、1980、1984、1985、
1986、1994 和 2014 年,为 0 d。贝加尔湖区域年平均阻高日数约为 12.8 d,最大值发生在 2012
年,为 29 d,最小值发生在 1960、1965、1977、1980、1988、1995、1997、1999、2005 和 2010 年,为
0 d。鄂霍次克海区域年平均阻高日数约为 15.3 d,最大值发生在 1998 年,为 37 d,最小值发
生在 1963 年,为 0 d。三个关键区总的年阻塞日数最大值发生在 2012 年,为 74 d,最小值发生

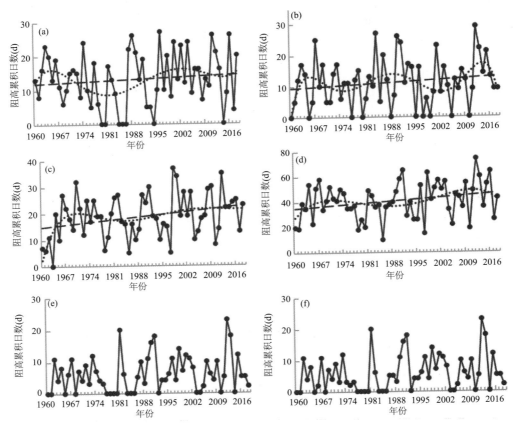

图 2.32　1960—2018 年江淮梅雨季节(6—7月)亚洲三个关键区阻高累积日数的年际变化(实线)、
线性变化趋势(短划线)和多项式拟合变化趋势(虚线)

(a. 乌拉尔山区域;b. 贝加尔湖区域;c. 鄂霍次克海区域;d. 三个关键区总数;e. 多阻;f. 双阻)

在 1985 年,为 10 d。亚洲地区年平均多阻(双阻和三阻)日数为 6.1 d,最大值发生在 2012 年,为 23 d,最小值发生在 1960、1961、1965、1968、1976、1977、1978、1979、1980、1983、1984、1985、1992、2003、2004、2010 和 2014 年,为 0 d,其中,双阻年平均日数约为 5.9 d,最大值年份和最小值年份与多阻年份一致,另外,三阻日数共 15 d。此外,近 59 年 6—7 月,三个关键区总的阻高日数线性趋势系数为 0.1911,多阻日数线性趋势系数为 0.0618,乌拉尔山区域阻高日数线性趋势系数为 0.0397,贝加尔湖区域为 0.0604,鄂霍次克海区域为 0.1298。1960—2018 年的江淮梅雨季节,三个关键区的阻塞日数都有略微增加的趋势,其中线性增加趋势最为明显的是鄂霍次克海区域。Lupo(1997)研究指出,这种增加趋势可能是由于全球气候变暖,阻塞活动更加频繁的全球性特征导致的。

从图 2.32 中的多项式拟合变化趋势线可以看出,近 59 年,亚洲三个关键区总的阻高日数也存在着明显的年代际变化。关键区总的阻高日数在60年代后期到70年代初相对偏多，从20世纪70年代开始略有下降趋势，在70年代末到90年代阻高活动偏少，21世纪初阻高相对频繁，在2012年出现峰值后又略有下降，除此之外，随着年份的增加，多项式拟合变化趋势线的峰值及谷值都比上一次高，反映在整体增加的趋势背景下存在明显的年代际变化特征。在乌拉尔山区域，60年代中期和21世纪初江淮梅雨季节的阻高活动相对频繁，80年代初阻高日数较少，从90年代开始，乌拉尔山区域阻高日数的变化就趋于平稳并略有增加。贝加尔湖区域阻高日数存在明显的年代际变化，60年代中期、90年代初期阻高活动相对频繁，2012—2016年阻高日数也较多，并在2012年出现了一个峰值，20世纪90年代末至21世纪初阻高日数较少。同样，鄂霍次克海区域阻高日数增加的气候变化趋势最为显著，但年代际变化不明显。从上述亚洲三个关键区阻高频次、日数的年际和年代际变化来看，存在一定的区域差异。

2.5.3　亚洲阻塞高压与江淮梅雨的关系

2.5.3.1　与江淮梅雨季节降雨量的关系

图2.33为1960—2018年6—7月江淮流域277个代表站点所处经纬度区域(28°～34°N，111°～123°E)平均累积雨量。由图2.33可见，1960—2018年6—7月年平均累积雨量为370.83 mm，最大值出现在1996年，为540.62 mm，最小值出现在1961年，为169.96 mm。此外，近59年，累积雨量的线性趋势系数为1.14，为增加的趋势，这与亚洲地区阻塞高压频次与日数的增加趋势一致。

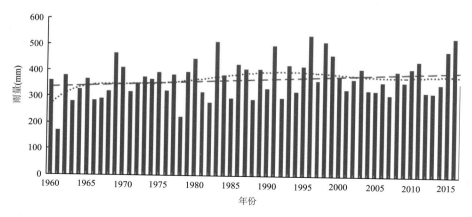

图2.33　1960—2018年江淮梅雨季节(6—7月)累积雨量的年际变化(柱状图)、
线性变化趋势(短划线)和多项式拟合变化趋势(虚线)

另外,从图 2.33 中的多项式拟合变化趋势线可以看出,20 世纪 80—90 年代江淮梅雨季节累积雨量偏多,从 20 世纪 80 年代开始,累积雨量就有明显增加的趋势,21 世纪初以后,累积雨量的变化趋于平稳。比较累积雨量与亚洲各关键区阻塞高压的年代际变化趋势,可以发现从 80 年代到 2018 年,累积雨量与鄂霍次克海区域的年代际变化较为一致。

为此进一步分析江淮梅雨与阻塞高压关系(图 2.34),在 1960—2018 年的江淮梅雨季节,计算得到累积雨量与鄂霍次克海区域年阻高日数的相关系数为 0.293,与三个关键区总的年阻高日数的相关系数为 0.281,与乌—鄂双阻日数的相关系数为 0.234,均通过了显著性水平 $\alpha=0.05$ 的显著性检验(相关系数绝对值大于 0.203 的通过显著性水平 $\alpha=0.05$ 的显著性检验),说明鄂霍次克海区域、三个关键区总的阻高和乌—鄂双阻日数与江淮梅雨的相关性显著。计算得到累积雨量与乌拉尔山年阻高日数的相关系数为 0.113,与贝加尔湖年阻高日数的相关系数为 0.043,与关键区多阻日数的相关系数为 0.149,均未通过显著性水平 $\alpha=0.05$ 的显著性检验。因此,在亚洲三个关键区中,年阻高日数与累积雨量相关系数最高的是鄂霍次克海区域。

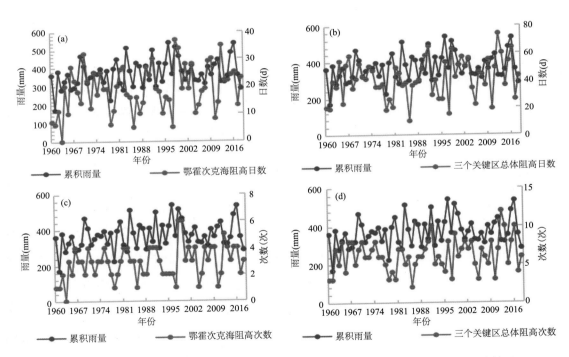

图 2.34　1960—2018 年江淮梅雨季节(6—7 月)累积雨量与鄂霍次克海(a)、三个关键区总体(b)阻高日数的年际变化;累积雨量与鄂霍次克海(c)、三个关键区总体(d)阻高次数的年际变化

除此之外,还计算了累积雨量与亚洲关键区阻高事件频次的相关系数。累积雨量与鄂霍次克海区域年阻高次数的相关系数为 0.307,与亚洲三个关键区总的年阻高次数的相关系数为 0.273,均通过显著性水平 $\alpha=0.05$ 的显著性检验,说明鄂霍次克海区域和亚洲三个关键区总的阻高次数与江淮梅雨的相关性显著。累积雨量与乌拉尔山年阻高次数的相关系数为 0.107,与贝加尔湖年阻高次数的相关系数为 0.027,均未通过显著性水平 $\alpha=0.05$ 的显著性检验。同样,在亚洲三个关键区中,年阻高次数与累积雨量相关系数最高的也是鄂霍次克海区域。

2.5.3.2　与江淮梅雨异常年的关系

为了分析 6—7 月阻塞高压与梅雨正异常和负异常年的关系,定义当标准化累积梅雨量大于 1.0 时,该年份为梅雨正异常年;反之,为梅雨负异常年。统计得到 8 个梅雨正异常年,分别为 1969、1980、1983、1991、1996、1998、1999 和 2016 年,5 个梅雨负异常年分别为 1961、1963、1965、1978 和 1982 年。

从表 2.7 中可以看出,对于梅雨正异常年,三个关键区中,鄂霍次克海区域阻塞高压平均日数为 24 d,远超过多年平均的 15.3 d,乌拉尔山阻塞高压年平均日数为 14.9 d,接近多年平均的 14.8 d,而贝加尔湖区域阻高平均日数为 10.8 d,低于多年平均的 12.8 d。三个关键区的阻塞高压事件频次,鄂霍次克海年平均为 3.8 次,远超过多年平均的 2.3 次,乌拉尔山和贝加尔湖的年平均频次均接近多年平均。在双阻方面,梅雨正异常年表现为乌拉尔山-鄂霍次克海阻塞高压稳定形势,年平均日数为 6.4 d,远超过多年平均数 3.5 d;而贝加尔湖-鄂霍次克海阻塞高压为零事件。相反,在梅雨负异常年,乌拉尔山和鄂霍次克海地区阻塞高压事件频次明显少于多年平均,而贝加尔湖地区阻塞高压事件频次年平均为 1.6 次,接近多年平均的 1.7 次,三类双阻形势的日数也明显少于多年平均,接近零事件。上述分析进一步验证了江淮梅雨多寡与阻塞活动密切相关,在梅雨正异常年,鄂霍次克海区域阻高、乌-鄂双阻的形势相对活跃且稳定,贝加尔湖阻塞日数、频次均偏少。在梅雨负异常年,贝加尔湖阻塞活动接近常年,而乌拉尔山和鄂霍次克海阻塞高压日数、频次明显偏少,且几乎不会出现双阻形势。张庆云等(1998b)在探讨亚洲中高纬环流对东亚夏季降水的影响时得出结论,当亚洲中高纬从乌拉尔山到鄂霍次克海区域出现"＋－＋"波列形势时,夏季梅雨期降水相对偏多,特别是鄂霍次克海高压稳定时,往往造成东亚夏季梅雨期降水异常偏多;反之,当亚洲中高纬从乌拉尔山到鄂霍次克海区域出现"－＋－"波列形势时,梅雨期降水偏少。这一诊断分析支持了本节通过统计得到的鄂霍次克海区域阻塞及乌-鄂双阻形势有利于梅雨期降水的结果。

表 2.7　13 个梅雨异常年对应的阻高次数和日数(红色数据表示大于 59 年平均值)

		乌拉尔山	贝加尔湖	鄂霍次克海	双阻	乌—鄂	乌—贝	贝—鄂
梅雨正异常年	1969	2 次、10 d	3 次、17 d	2 次、14 d	7 d	5 d	2 d	0
	1980	0	0	3 次、20 d	0	0	0	0
	1983	1 次、9 d	1 次、10 d	3 次、17 d	0	0	0	0
	1991	3 次、19 d	4 次、24 d	4 次、30 d	18 d	14 d	4 d	0
	1996	4 次、27 d	3 次、16 d	2 次、15 d	11 d	10 d	4 d	0
	1998	2 次、20 d	1 次、6 d	6 次、37 d	14 d	10 d	4 d	0
	1999	1 次、8 d	0 次、0 d	6 次、34 d	7 d	7 d	0	0
	2016	4 次、26 d	2 次、13 d	4 次、25 d	5 d	5 d	0	0
	合计	17 次、119 d	14 次、86 d	30 次、192 d	62 d	51 d	14 d	0
	平均	2.1 次、14.9 d	1.7 次、10.8 d	3.8 次、24 d	7.8 d	6.4 d	1.8 d	0
梅雨负异常年	1961	1 次、8 d	1 次、5 d	1 次、6 d	0	0	0	0
	1963	3 次、23 d	3 次、17 d	0	4 d	0	4 d	0
	1965	2 次、13 d	0	2 次、10 d	0	0	0	0
	1978	1 次、6 d	2 次、12 d	1 次、6 d	0	0	0	0
	1982	2 次、13 d	2 次、13 d	4 次、27 d	6 d	1 d	0	5 d
	合计	9 次、63 d	8 次、47 d	8 次、49 d	10 d	1 d	4 d	5 d
	平均	1.8 次、12.6 d	1.6 次、9.4 d	1.6 次、9.8 d	2 d	0.2 d	0.8 d	1 d

2.6　江淮梅雨关键环流系统的低频变化信号和预报指标

2.6.1　江淮梅雨季节降水周期变化特征

依照国家气候中心 2015 年制定的《中国梅雨监测业务标准》选取江淮及长江中下游地区 277 个指标站作为梅雨雨量监测站,对定义的 5 个区域选取的台站降水做算术平均之后,得到各区域逐年 6—7 月的降水逐日时间序列,分别做小波分析之后选取最显著周期,近 39 年有 3 个主要周期出现比较频繁,分别是 1~9 d、10~20 d 和 21~30 d。天气尺度的 1~9 d 出现最多,准双周 10~20 d 次多,最后是 21~30 d 振荡,由此可知,江淮梅雨降水过程的时间尺度极其复杂。

利用带通滤波分别从 1979—2017 年 6—7 月江淮区域的逐年逐日降水序列中分离出 1~9、10~20 d 和 21~30 d 不同时间尺度的滤波曲线(图 2.35),挑选每一年滤波曲线波峰且波峰标准化距平大于 1.5 为一个强降水日,这样分别挑选出 1~9 d 周期强降水日 143 d、10~

20 d周期强降水日 73 d 和 20～30 d 周期强降水日 45 d。

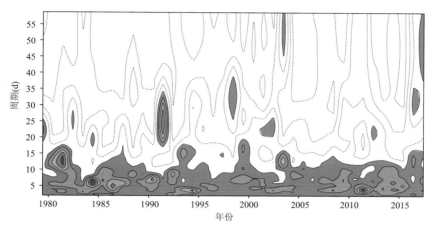

图 2.35　1979—2017 年江淮地区平均降水量的逐年显著周期

（阴影：小波系数实部大于 90％置信水平）

图 2.36 给出了 39 年平均的 6—7 月逐日的平均降水量和 3 个不同时间周期的强降水日数的统计分布，可以看到，天气尺度（1～9 d）和准双周尺度（10～20 d）的强降水日数在 6 月上旬后期增多，而 6 月中旬和 7 月上旬强降雨最集中的时期，21～30 d 的强降水日数也明显增多，进入 7 月上旬后期，天气尺度和准双周尺度的强降水日数明显减少，7 月中旬开始，20～30 d 的强降水日数也明显减少。上述结果表明，江淮梅雨集中期降水首先以 1～9 d 和 10～20 d 背景的强降水日数增多开始，而后 20～30 d 时间尺度天气背景下的强降水增多，持续性强降水过程增多，累积降水量增多。梅雨结束时也是以 1～9 d 和 10～20 d 背景下的强降水明显减少为主，21～30 d 低频尺度的强降水日数到 7 月中旬后期才明显减少。

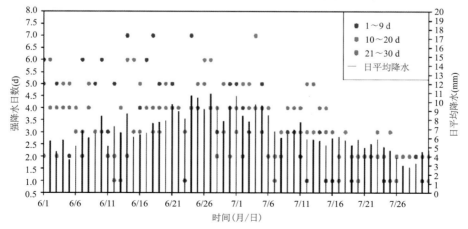

图 2.36　1979—2017 年平均的 6—7 月江淮地区日平均降水时间序列

（黑色柱状）和不同时间尺度强降水日数（彩色点）的逐日分布

为了比较 3 个时间尺度强降水产生的环境场变量,图 2.37 给出了江淮地区 3 个时间尺度强降水日合成的超前滞后 10 d 的平均降水量距平、垂直速度、绝对湿度的分布,以及假相当位温 θ_{se} 的垂直分布。可以看到,随着时间尺度的增长,虽然降水强度有所减小,但是降水的持续时间增长,低频时间尺度的环境场对持续性强降水发生作用更加重要,低频周期波动(10～20 d 和 21～30 d)比天气周期波动(1～9 d)可以触发更长时间的垂直上升运动,得到持续时间更长的水汽输送。从 θ_{se} 的垂直分布随时间的演变可以得知,低频周期的大气波动提供的暖平流维持时间更长,厚度更厚,从而有利于持续性强降水的发生。从大气环境场要素的强度而言,10～20 d 和 1～9 d 的大气环境场各项要素强度较为相近,而 20～30 d 强度明显减弱,暖平流扰动强度也不如准双周和天气尺度。

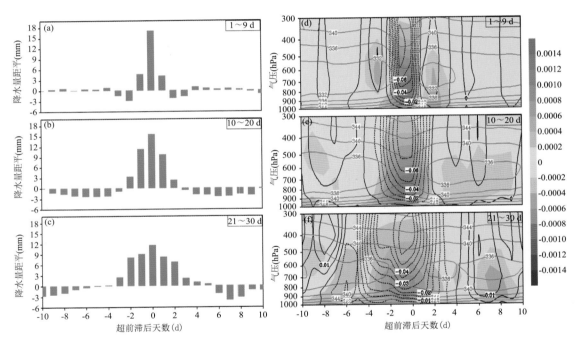

图 2.37　不同时间尺度强降水过程合成的超前滞后 10 d 平均降水量距平(a～c)和

垂直速度(黑色等值线,单位:Pa·s^{-1})、绝对湿度(填色,单位:kg·m^{-3})以及假相当位温 θ_{se}

(红色实线,单位:K)的垂直分布(d～f)

2.6.2　不同周期强降水的环流特征及其前期信号

为了研究江淮地区强降水不同时间尺度降水对应的环流特征及其传播特征的异同,利用带通滤波从原始环流要素时间序列分离出 1～9 d、10～20 d 和 21～30 d 不同时间尺度环流要素场,进一步讨论不同时间尺度的环流演变和江淮强降水的关系。

图 2.38 给出了 3 个时间尺度强降水日合成超前 10 d 的滤波后的 200 hPa 风场和散度,可以看到 1～9 d 滤波后的 200 hPa 风场在提前 8 d 左右时,里海就有反气旋性环流开始形成,伴

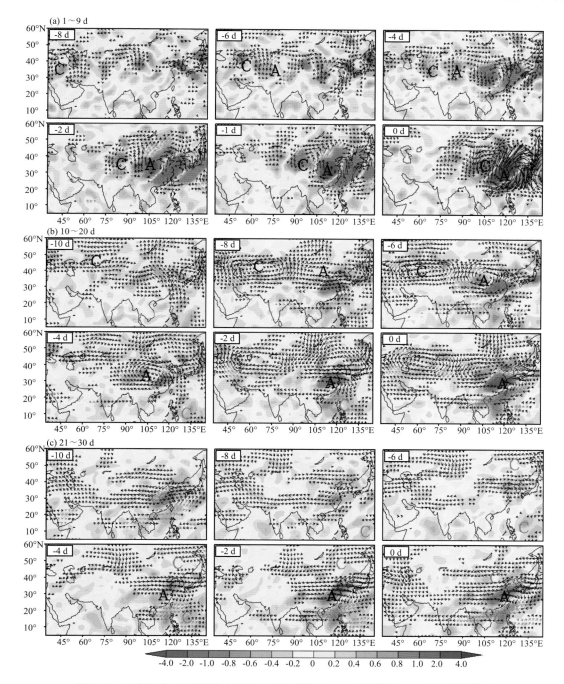

图 2.38　不同时间尺度强降水过程对应的超前 10～0 d 滤波的 200 hPa 风场距平

(单位:m・s^{-1},红色矢量:通过 90% 置信水平)和散度距平(阴影,单位:10^{-6} s^{-1})

随正散度异常向东传播,提前2～3 d反气旋式环流移出青藏高原,西北地区东部和江汉地区上空的高空辐散加强。强降水发生时,反气旋性环流东移南压至我国南方地区,辐散中心位于江淮地区上空。

10～20 d滤波后的200 hPa风场在提前10～5 d时,中亚上空的气旋式环流逐步加强,其右侧辐散增强,内蒙古中西部上空的反气旋式环流随着增强,提前6 d时,高空辐散中心南压至西北地区东部上空,之后东移,提前2 d时位于江淮地区上空。与1～9 d的环流系统相比,移动速度缓慢,且在江淮地区维持时间长,可达4 d。

21～30 d滤波后的200 hPa风场提前10 d时,江淮至江南地区为显著的气旋式环流,两天后减弱,期间我国北方地区的反气旋式环流加强并缓慢南压,渤海地区上空的辐散逐步加强。提前4～5 d时,我国东部大部地区受反气旋式环流控制,反气旋式环流位置变化小,维持时间长,高空辐散逐步加强,辐散中心位于江淮地区上空。提前5 d左右时随着高空气流的增强和东移而南压至我国南方地区。

除了对流层上层环流系统,中低层环流系统的配置也很重要。从图2.38中1～9 d强降水日合成的滤波之后的500 hPa相对涡度和高度场超前10 d的逐日演变可以看到,西西伯利亚和里海的涡度向东向南传播,涡度中心在青藏高原汇合加强。提前6 d时,来自高纬度的正涡度西南传播至日本海地区,有利于高空槽加深。强降水发生时,我国华北、江淮地区的正涡度最强,东部海域的负涡度最强,江淮地区处于西风槽前,东部海域反气旋式环流最强,有利于强降水发生。

图2.39中10～20 d滤波后的500 hPa提前7 d左右时,巴尔喀什湖附近的负涡度开始发展,提前4 d左右时强度最强,发展过程中分裂负涡度向东南传播,同时东北亚的负涡度向西和向南扩散传播,在我国东部合并后继续东移,然后和西北太平洋西传的负涡度合并,使得南海至菲律宾一带高度场正距平显著增加,副高加强西伸并能维持5 d左右。巴尔喀什湖的负涡度东移加强中,我国东北至东北亚的正涡度增强并逐步向西向南传播,强降水发生时,江淮地区为显著正涡度,正涡度能维持2～3 d。

21～30 d滤波强降水日合成的500 hPa低频涡度场可以看到,前期乌拉尔山一带的负涡度异常偏强,且稳定维持,表明乌拉尔山高压脊强度偏强且持续,中高纬度环流形势稳定。分裂东移南下的负涡度东移入海后,提前4 d时南海至菲律宾的负涡度开始显著增强,副高西伸加强,脊线位置稳定维持在有利于江淮地区降水的位置。通过以上对比分析可以看到,随着时间尺度的增长、环流系统的尺度增大,传播速度减慢。强降水发生时,江淮地区都是正涡度控制,其中1～9 d辐合强度最大,10～20 d次之,21～30 d辐合最小。

水汽输送很大程度上主要是由热带和副热带西南风提供的,中纬度西风的贡献很小,梅雨

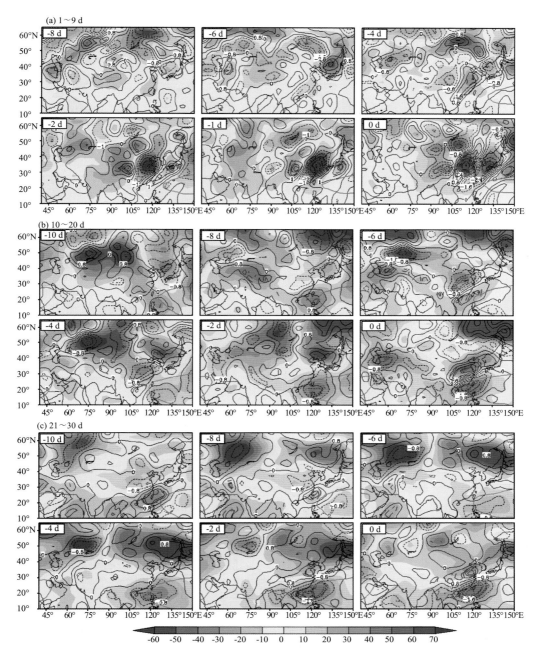

图 2.39　不同时间尺度强降水过程对应的超前 10～0 d 滤波的 500 hPa 的相对涡度

（黑色等值线，单位：$10^{-6}\,\mathrm{s}^{-1}$；蓝色线为通过 90% 置信水平）和

位势高度距平（阴影，单位：dagpm；红色线为 500 hPa 高度 ≥ 572 dagpm）

期我国中东部的水汽主要来源于孟加拉湾、南海和西太平洋。对流层中低层的环流系统直接为强降水的发生提供了水汽和动力条件，需进一步对比分析三种时间尺度强降水对应的低层

环流系统演变的差异。从 1~9 d 强降水日合成的滤波之后的 850 hPa 风场可以看到(图 2.40),提前 5 d 左右时,也就是对流层低频反气旋式环流位于高原后开始,在高原东侧四川盆

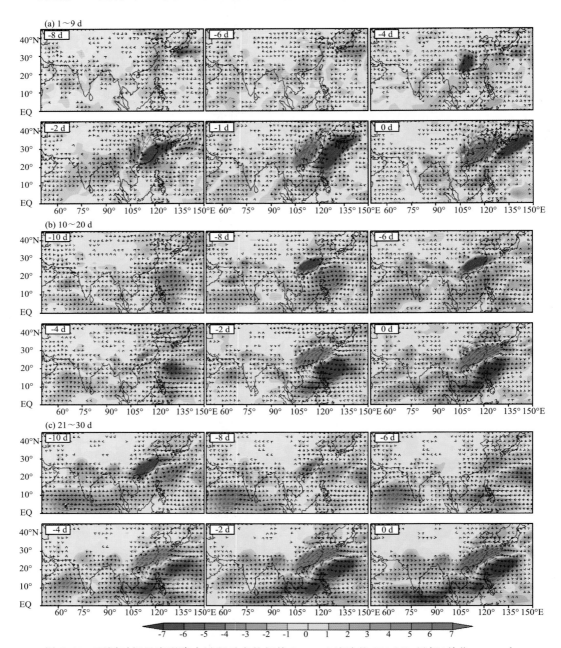

图 2.40　不同时间尺度强降水过程对应的超前 10~0 d 滤波的 850 hPa 风场(单位:m·s^{-1};
蓝色矢量为通过 90% 置信水平)和水汽通量(阴影,单位:g·m^{-1}·hPa^{-1}·s^{-1},
红色实线为通过 90% 置信水平)

地一带出现反气旋式环流异常,并随高层系统一起东移南压,强降水发生前一天反气旋后部出现气旋式环流异常,并迅速增强,气旋南侧西南气流控制我国江淮地区,造成强降水的发生。梅雨期沿着季风槽经常可以观测到低涡不断从青藏高原东侧向东移动,而 $10\sim20$ d 滤波的 850 hPa 在南海至菲律宾一带为气旋式环流异常,提前 5 d 左右时,随着副高的西伸加强,低频反气旋式环流异常并向西北向移动,提前 3 d 时,西南低频风异常已经开始影响我国江淮地区。$21\sim30$ d 的滤波风场表明西太平洋上的反气旋式环流异常比较稳定,缓慢向西北方向移动,在提前 5 d 左右时,西北侧西南风就开始影响我国江淮地区,其和对流层中高层环流系统的相互作用有密切关系。

2.6.3　江淮梅雨季节强降水的预报指标提取和应用

2.6.3.1　关键影响系统环流量化指标

基于李勇等(2017)的梅雨期强降雨划分方法得到的 77 次强降雨过程,按照梅雨监测业务标准中区域划分的江南地区(Ⅰ型)、长江中下游地区(Ⅱ型)、江淮地区(Ⅲ型)三个区间,根据过程累积雨量超过 50 mm 以上的站点所在的区间将 77 次强降雨过程划分为六个空间雨带型(表 2.8)。并根据前人研究基础,选取影响梅汛期强降雨的关键环流系统,再基于梅汛期强降雨空间雨带类型,通过统计对比,得出 20 个关键影响系统环流量化指标(表 2.9)。

表 2.8　梅汛期强降雨空间雨带型

类型	所在区间	强降雨过程次数
Ⅰ 型	江南地区	1
Ⅱ 型	长江中下游地区	6
Ⅲ 型	江淮地区	1
Ⅰ＋Ⅱ 型	江南地区、长江中下游地区	28
Ⅱ＋Ⅲ 型	长江中下游地区、江淮地区	18
Ⅰ＋Ⅱ＋Ⅲ 型	全区	23

注:实际应用中,由于Ⅰ型、Ⅲ型样本少,将Ⅰ型划入Ⅰ＋Ⅱ型,将Ⅲ型划入Ⅱ＋Ⅲ型

表 2.9　梅汛期强降雨关键环流指标

层次	关键指标		
100 hPa 南亚高压	分布型	高压中心纬向变化	120°E 脊线平均位置	120°E 脊线经向变化
200 hPa 南亚高压	分布型	1256 dagpm 等高线东脊点	1252 dagpm 等高线东脊点	120°E 脊线平均位置
副热带高压	120°脊线平均纬度	西脊点	副高北界(588 dagpm 等高线)120°E 平均纬度	副高北界(584 dagpm 等高线)120°E 平均纬度

层次	关键指标		
阻塞高压	类型(鄂霍次克海/乌拉尔山/贝加尔湖/转换型/双阻型)		
东北冷涡	有/无		
低涡切变线、急流 (700 hPa/850 hPa)	急流核最大速度	江淮切变线(位置)	江淮气旋(位置)

通过统计各环流指标与雨带位置,提取出核心环流指标,图2.41和图2.42分别给出了南亚高压和副热带高压的环流指标,对比发现,南亚高压120°E脊线平均纬度、脊线纬向变化,副热带高压120°E脊线、西脊点经度、副热带高压北界120°E纬度等指标与雨带位置对应关系更

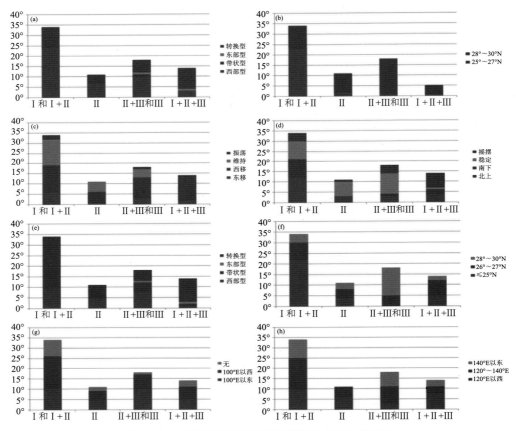

图2.41　南亚高压环流指标与雨带分布之间的关系

(a.100 hPa南亚高压分布型;b.100 hPa南亚高压120°E脊线平均纬度;c.100 hPa南亚高压中心经向变化;d.100 hPa南亚高压120°E脊线纬向变化;e.200 hPa南亚高压分布型;f.200 hPa南亚高压120°E脊线平均纬度;g.200 hPa南亚高压东脊点<1256 dagpm>平均经度;h.200 hPa南亚高压东脊点<1252 dagpm>平均经度)

为密切。如以 100 hPa 南亚高压 120°E 脊线平均纬度指标为例(图 2.42b),当指标为 25°～27°N 时,雨带类型大都为 I 型和 I＋II 型,为 28°～30°N 时,雨带大都偏北,其他指标关系如图所示,不再详述。

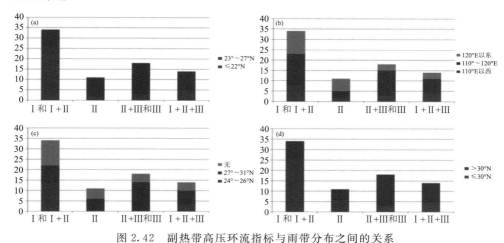

图 2.42　副热带高压环流指标与雨带分布之间的关系

(a. 120°E 脊线平均纬度;b. 西脊点平均经度;c. 副高北界(588 dagpm)120°E 平均纬度;

d. 副高北界(584 dagpm)120°E 平均纬度)

　　2017 年 6 月 29 日—7 月 3 日,长江中下游地区出现了一次强降雨过程,鄂湘赣皖等地部分地区累积降雨量达到 100～200 mm,局地超过 250 mm(图 2.43)。6 月 27 日 12 时起报的 ECMWF 模式预报和 T639 模式预报中,雨带东段均较实况明显偏北(图 2.44),而根据本书所选取的关键环流指标(表 2.10)匹配出最佳相似个例:2011 年 6 月 9—11 日,从相似个例来看,雨带东段位于安徽南部地区,这也与实况更为一致(图 2.45)。

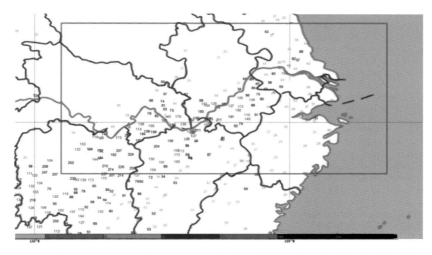

图 2.43　2017 年 6 月 29 日 08 时—7 月 4 日 08 时长江中下游地区降雨实况(红色框内为梅雨监测区域)

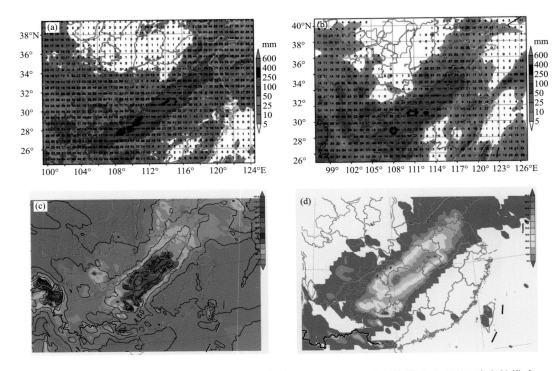

图 2.44　2017 年 6 月 27 日 12 时起报模式预报情况（a. ECMWF 确定性模式；b. T639 确定性模式；

c. ECMWF 集合预报平均；d. ECMWF 集合预报过程累积降雨量≥100 mm 的概率）

表 2.10　2017 年 6 月 29 日—7 月 3 日个例中所选取的关键环流指标及特征

关键环流指标	指标特征
100 hPa 南亚高压 120°E 脊线平均纬度	25°～27°N
100 hPa 南亚高压 120°E 脊线纬向变化	稳定
200 hPa 南亚高压 120°E 脊线平均纬度	≤25°N
200 hPa 南亚高压东脊点＜1252 dagpm＞平均经度	120°～140°E
副热带高压 120°E 脊线平均纬度	23°～27°N
副热带高压西脊点平均经度	110°～120°E
阻塞高压	贝加尔湖阻塞高压/无

2.6.3.2　东亚副热带西风急流特征指数

许多研究表明,东亚副热带西风急流位置的南北移动以及强度的变化与东亚大气环流的季节转换、亚洲夏季风的暴发、我国东部地区夏季降水等有着密切的联系。因此,东亚副热带急流的监测与分析在预报预测业务中非常重要。以客观、定量和自动方式实现对东亚副热带急流的监测和分析,首先要有能适用于业务监测的东亚副热带急流各自特征指数的客观定量

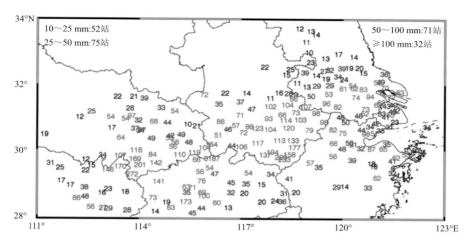

图 2.45　相似个例(2011 年 6 月 9—11 日)降雨量(单位：mm)

表征方法。在以往研究的基础上,本书中西风急流特征指数的定义,主要是针对长江中下游梅雨的问题,在对梅雨和急流时空分布的详细统计分析后,对于东亚副热带急流位置分析区域经度范围定为 $110°\sim130°E$、纬度范围定为 $30°\sim37.5°N$。利用 200 hPa 纬向风场定义了西风急流强度指数,指数定义形式为：$(110°\sim130°E,30°\sim37.5°N)$ 区域内纬向风平均值。指数大,长江中下游地区降水强；指数小,长江中下游降水弱。

　　图 2.46 给出了 2016—2018 年东亚副热带西风急流强度指数分布,图 2.47 给出了 2016—2018 年 $110°\sim120°E$ 降雨的时间—纬度剖面。2016 年长江中下游梅雨入梅时间为 6 月 19 日,从图 2.46a 可见,西风急流指数实况在 6 月 17 日后有明显增强,且该增强趋势 EC 模式提前 5 d 即有所体现,表明 2016 年西风急流强度指数对长江中下游入梅有较好的预报效果,此外,进入 7 月 EC 模式预报西风急流强度指数再度增强,并维持至 7 月 6 日前后,从降雨剖面(图 2.47a)可见,7 月 1—6 日长江中下游沿江地区出现较强降雨过程,表明强度指数的阶段性增强与梅雨区强降雨过程有很好的对应。2017 年,EC 模式 6 月 15 日预报出 23 日前后西风急流强度指数出现阶段性增强,并在 6 月 15 日达到峰值(图 2.46b),由降雨剖面可见,6 月 23—25 日长江中下游地区出现明显降雨过程(图 2.47b)。2018 年,从 EC 集合预报模式 6 月 11 日起报的各成员西风急流强度指数分布可见,伴随时效的增加,指数离散度加大,但在 6 月 17—19 日出现强度指数的峰值,预示长江中下游地区将出现强降雨过程(图 2.46c),结合降雨实况发现该地区在维持一周左右降雨间歇期后,从 17 日开始出现明显降雨过程(图 2.47c),强度指数对该次降雨过程给出较好的预报提示。从 2016—2018 年西风急流强度指数与长江中下游降雨实况的分析可见,伴随西风急流强度指数的增强,长江中下游地区有明显的强降雨过程出现,可见该指数在梅雨的入梅、梅雨期强降水过程预报以及出梅日期的预报均给出了较

好的预报效果。

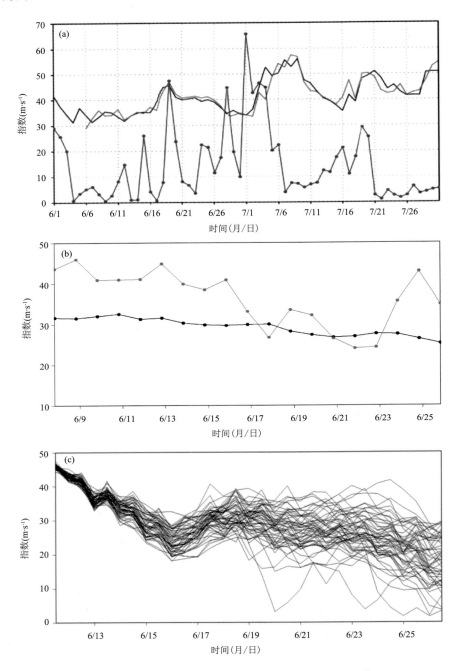

图 2.46　2016—2018 年东亚副热带西风急流强度指数

(a. 2016 年，蓝线—日雨量，黑线—实况，红线—EC 模式 120 h 预报；b. 2017 年，黑线—实况，
红线—EC 模式 6 月 15 日预报；c. 2018 年，红线—实况，黑线—EC 集合成员 6 月 11 日预报)

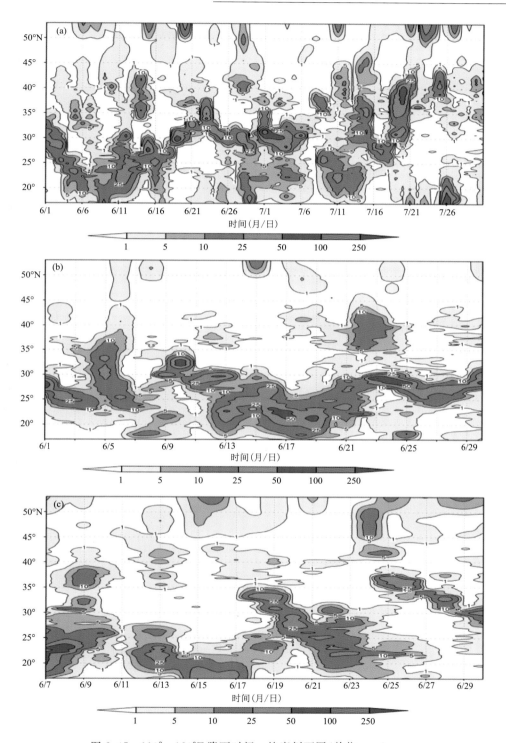

图 2.47　110°～120°E 降雨时间—纬度剖面图(单位:mm)

(a. 2016 年 6 月 1 日—7 月 31 日;b. 2017 年 6 月 1—30 日;c. 2018 年 6 月 7—30 日)

2.7 本章小结

本章提出了江淮梅雨季节强降雨过程客观划分方法,统计分析了强降水过程气候学特征,总结归纳了梅雨锋暴雨的天气学概念模型,对比分析了不同天气系统配置下梅雨锋结构,聚焦热带外西风带系统,对东亚副热带西风急流和亚洲阻塞高压的活动特征及其与江淮梅雨的关系进行了初步探讨,并对影响梅雨的关键环流因子低频变化信号进行了分析。取得如下主要成果:

(1)提出了一种客观划分江淮梅雨季节强降雨过程的方法,该方法综合考虑强降雨过程的强度、覆盖面和集中度,在科研和业务中均具有较好的适用性。近 56 年来强降雨过程累积雨量整体上有线性增加的趋势,同时具有一定的阶段性变化特征,其中 20 世纪 60—70 年代较弱,90 年代明显加强,进入 2000 年后又明显减弱,近几年又有加强的趋势。在强降雨过程较多或过程累积雨日较多的年份都是江淮流域的典型涝年,而强降雨过程较少或累积雨日较少的年份都是江淮流域的典型旱年。

(2)选取了 2015—2018 年共 10 次梅雨锋暴雨个例,对其主要影响系统及特点进行分类统计,各天气系统的特征差异说明,500 hPa 高空低涡低槽、850 hPa 低空急流和低涡切变线等系统对暴雨的影响更为直接和显著。梅雨锋暴雨发生发展过程不同阶段或不同类型的天气学概念模型也存在显著差异。

(3)不同天气系统配置下梅雨锋结构的共同特征是低层均存在明显的 θ_{se} 锋区,伴有深厚湿层。梅雨锋两侧的风场分布对于锋区强度有显著影响,低空急流的强度对暴雨影响更大。当低层为偏南风控制时,θ_{se} 水平梯度较小,主要表现为较大的垂直递减率,形成产生对流性降水的不稳定条件;当低空急流显著加强时,若其北侧有一定大小的偏东或偏北风,θ_{se} 锋区近乎直立伸展至 600 hPa 附近且随高度略向北倾斜,表现出典型的梅雨锋特征,且锋区内低层辐合、高层辐散,有利于上升运动发展,是最有利于产生强降雨的锋区特征。

(4)夏季 200 hPa 东亚副热带西风急流扰动场主要由行星尺度和天气尺度波动合成,行星尺度波是决定西风扰动波动形态和强度的关键要素,天气尺度波与西风扰动中心强度关系密切。EASJ 西风扰动经向位置移动和强度变化由行星尺度扰动场的准定常波动主导,天气尺度波对扰动位置经向位移表现为弱的正相关。在江淮梅雨期,急流位置在 37°~39°N 缓慢北抬,行星尺度扰动强度较强,天气尺度扰动较弱,西风扰动位置变化主要表现为准双周(13 d)的低频变化。

(5)江淮梅雨季节,东亚副热带西风急流(EASJ)和阻塞高压的活动异常与江淮梅雨关系密切,东亚副热带西风急流活动稳定、位置偏南且强度偏强和鄂霍次克海阻塞高压活动频繁,往往梅雨异常偏多。200 hPa Rossby 波扰动波包和波作用量强度最大区域集中在 90°～150°E的东亚地区,该地区同时存在经向和纬向两个扰动波包和波作用通量散度波列,并交汇于 EASJ。沿 EASJ 上 Rossby 波扰动波包和能量传播纬向波列丰梅年较空梅年系统性偏西,能量集中在江淮梅雨区上游,有利于为下游降水发展提供能量和动量;鄂霍次克海区域扰动波包偏弱,阻塞高压发展,有利于江淮梅雨异常偏多,由此充实了江淮梅雨的关键环流条件并构建了影响梅雨的物理机制概念模型。

(6)江淮梅雨期降水存在多时间尺度的特征。江淮梅雨降水集中期开始前 1～9 d 和 10～20 d 尺度的强降水日数增多,而梅雨降水集中期时,21～30 d 时间尺度的强降水日数增多,表明持续性强降水过程增多,累积降水量也增大。随着降水时间尺度的增长,降水的强度减弱,但降水的持续性增加。低频周期波动(10～20 d 和 21～30 d)相比天气周期波动(1～9 d),可以提供更长时间、更深厚的暖平流输送,触发更长时间的垂直上升运动和持续的水汽输送,有利于持续性降水的发生。当不同尺度叠加时,降水强度增大。

华北夏季暴雨中期过程及其预报方法

华北夏季雨季的降雨特征,与江南梅雨和华南前汛期降水有明显的区别,多以持续1～3 d的过程性降雨为主。本章使用1960—2015年华北区域气象站的日降水资料,分析发现,使用5 d滑动平均更合理、更符合业务应用中华北雨季的定义,结果表明,华北雨季的起讫时间常年为6月28日—8月25日。并在此基础上分析和研究了雨季起止时间和雨季内降水量的特征以及影响雨季长短和雨季内降水量的环流特征。

由于华北夏季的强降水多以过程性降水为主,继而,本章开展了对华北持续性暴雨过程特征的研究。首先确定了1960—2015年华北地区最强的56次持续性暴雨的过程,将这56次过程作为研究对象,基于距平相关系数的客观聚类分析方法和天气学检验对56次过程进行了分类,并对每一类进行了相关的分析研究。结果表明,这些持续性极端暴雨事件按照环流背景可分为经向型、纬向型、减弱的登陆热带气旋型和初夏型四类。四类过程一般都与不同天气系统配置结构下的锋面动力学过程有关,由于锋面结构特征、环境大气层结状态以及与低空急流有关的暖湿输送通道和强度不同,造成不同环流特征背景下,暴雨日的高频站点与过程平均累积降水量在空间分布上存在差异。

最后,对2016年7月19—20日华北一次区域性特大暴雨过程进行了研究,特别分析了过程中低涡系统发展演变的结构特征和加强机制,结果表明,这次特大暴雨过程出现了三个阶段降水,其中与低涡系统强烈发展对应的第2阶段降水是本次华北暴雨过程的主要降水阶段,强降水与低涡发展的正反馈过程是这次华北暴雨得以长时间维持的重要机制之一,这一过程形成的持续性潜热释放是对流层中上层低涡系统热力结构发生改变的重要原因。

3.1　资料和方法

3.1.1　资料

　　本章的降水资料来自中国气象局国家气象信息中心,统计站点包括内蒙古自治区 110°E 以东、44°N以南地区以及北京市、天津市、河北省、山西省所有人工气象观测站(图 3.1)1960—2015 年日降水资料(日界为 08 时)。该区域的选择既考虑了华北地区的地理范围和行政区划,又剔除了与华北核心区域存在显著气候差异的内蒙古西部地区(干旱气候区)和内蒙古东北部地区(东北气候区)。截至 2015 年,该区域内共有 339 个国家气象观测基本站。

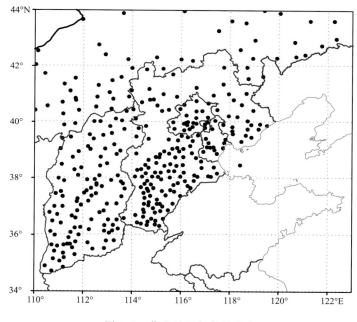

图 3.1　华北地区气象站分布

　　针对华北地区不同类型持续性暴雨的天气形势分析,本章使用的是 1960—2015 年的 NCEP/NCAR 2.5°×2.5°每隔 6 h 一次的再分析资料。对于极端暴雨过程,还使用了雷达、自动站等本地的探测资料。

3.1.2　方法

　　对于气候学意义上的雨季定义而言,应遵从如下两个基本标准:第一,雨季的开始和结束,区域平均降水量存在突变式显著增加或减少;第二,雨季持续期间,区域平均降水量需达到一定的强度。针对华北雨季降水变化的突变性,本章采用每 5 d 为一个时间周期,如果连续两个时间周期的降水量之差达到异常大值或异常小值,表明该期间华北区域性降水迅速增多或减少,对应于雨季的开始或结束;而对于降水强度,5 d 内所有观测站降水平均强度达到 3 mm·d^{-1} 作为雨季的持续标准。

对于极端暴雨过程的筛选,目前最常见的是采用某个百分位值作为极端降水的阈值。研究表明,中国北方地区极端降水的持续性较差,华北地区持续 2 d 的极端降水过程发生的频率仅为 8% 左右。对于华北地区而言,多大比例站点数出现强降水被认为是一次"区域性强降水过程"是恰当的呢?从不同年代际中各选取有代表性的 2 次(共计 10 次)华北地区强降水过程(刘益然 等,1979;雷雨顺,1981;孙建华 等,2005;鲍名,2007)(表 3.1),分析图 3.1 中各站点不同阈值的日降水量占区域内所有站数的比例可以发现,典型区域性暴雨过程中,日降水量大于或等于 25 mm 的站点数与区域总站数的比例稳定在 30% 左右,其相对离散程度(相对标准差)远远小于大暴雨日(≥100 mm)、暴雨日(≥50 mm)站点,因此,以 30% 的站点平均日降水量大于或等于 25 mm 表征一次区域性强降水过程是合理的。

表 3.1　10 次典型华北持续性区域暴雨过程不同等级日降水量的站点数比例(单位:%)

发生时间	≥100 mm	≥50 mm	≥25 mm
1962 年 7 月 24—25 日	5.60	13.86	24.19
1963 年 8 月 6—9 日	5.01	11.65	24.21
1975 年 7 月 29—30 日	5.60	18.58	32.28
1976 年 7 月 18—20 日	2.85	14.06	27.83
1982 年 7 月 30 日—8 月 1 日	1.03	6.93	22.24
1984 年 8 月 9—10 日	13.42	21.98	30.09
1994 年 7 月 12—13 日	9.44	22.71	33.17
1996 年 8 月 3—5 日	6.10	18.78	34.50
2000 年 7 月 4—5	4.72	14.06	29.01
2012 年 7 月 21—22 日	7.23	15.93	31.27
平均	6.10	15.85	28.88
相对标准差	53.3	28.8	14.4

聚类分析(Balling et al.,1982;么枕生,1998)是一种对天气系统进行客观分析的方法,已在气候研究、环流分析、气候区域的划分中得到广泛应用(施能 等,2002;丁裕国 等,2007;何州杉月 等,2011),本章中使用的是分级聚类(hierarchical cluster),该方法不指定最终的类数,结论将在聚类过程中寻求。本章使用的诊断量是 500 hPa 位势高度场和 850 hPa 温度场,目的是将华北地区暴雨天气过程按照基本环流特征和斜压性特征做归类分型。对于持续 2 d 的降水过程,利用该期间的所有时次(共计 8 个时次)平均场进

行聚类分析;对于持续时间大于 2 d 的过程,使用平均极端降水量最大的 2 d 平均场进行聚类分析。

定义距离系数 c,有

$$c = 1 - \left(\frac{\text{ACC}_{ij}^{H500} + \text{ACC}_{ij}^{T850}}{2} \right)$$

式中,ACC_{ij}^{H500} 和 ACC_{ij}^{T850} 分别为第 i 个样本和第 j 个样本之间 500 hPa 位势高度场和 850 hPa 温度场的距平相关系数(Anomaly Correlation Coefficient,ACC):

$$\text{ACC}_{ij} = \frac{\text{cov}(X'_i, X'_j)}{\sqrt{\text{var}[X'_i] \text{var}[X'_j]}}$$

式中,$\text{cov}(X'_i, X'_j)$ 为第 i 个样本与第 j 个样本的协方差;$\text{var}[X'_i]$ 和 $\text{var}[X'_j]$ 分别为第 i 个样本与第 j 个样本的方差,$X' = X - \overline{X}$,$\overline{X}$ 为 6—8 月气候平均值。

计算所有个例之间的距离系数 c,采用最小距离法,首先将每次过程各成一类,然后根据过程之间距离系数最小的原则,逐级归并,最终归为一类。这就需要确定何种聚类结果是合理的,本章采用以下原则:类内成员之间的距离系数尽可能小;类与类之间的距离系数尽可能大;由于使用了 ACC 作为衡量相似程度的标准,需要保证上述两种距离系数通过显著性检验。

3.2　华北雨季的再认识

3.2.1　华北雨季的基本特征

如图 3.2 所示,发现 1960—2015 年华北雨季开始的平均日期为 6 月 28 日,标准差为 14.5 d;结束的平均日期为 8 月 23 日,标准差为 16.2 d;长度平均为 57 d。

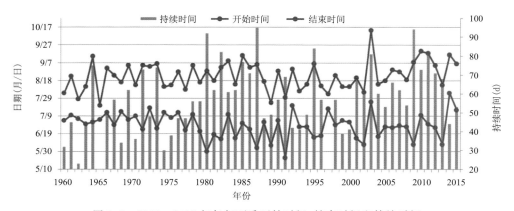

图 3.2　1960—2015 年每年雨季开始时间、结束时间和持续时间

1960—2015 年 56 年间,有 2 年的华北雨季长度不足 20 d,基本不存在明显雨季或者称为空雨季年(1965 和 1997 年),雨季跨度超过 3 个月时间的有 3 年(1980、1987 和 2009 年),其中最长可达 100 d(1987 年);雨季最早开始于 5 月下旬(1980 和 1991 年),最晚结束于 10 月中旬(2003 年)。20 世纪 80 年代之前(1960—1979 年),雨季开始日期的波动幅度年际差异不大,平均日期为 7 月 5 日,标准差为 7.5 d;结束日期为 8 月 20 日,标准差为 14.4 d;雨季平均持续时间为 46 d;80 年代开始(1980—2015 年),雨季的起讫时间波动幅度显著加大,雨季平均开始日期提前到 6 月 25 日,标准差增大为 16.0 d;结束的平均日期为 8 月 25 日(标准差为 16.6 d),也略有推迟。雨季的平均持续时间明显延长,平均持续 61 d。雨季的平均持续时间虽然在 80 年代发生了明显变化,但是雨季降水量并不存在趋势性变化。

图 3.3 显示了 1960—2015 年逐年雨季降水量、全年降水量和雨季占全年降水的比例。华北全年的平均降水量为 494 mm,标准差为 78.8 mm;雨季的区域平均降水量为 264 mm,雨季降水的年际变化比年降水量更大,标准差达到 82.8 mm;雨季(平均约 57 d)降水量占全年降水量的 52.5%。也就是说,华北雨季在时间上仅占全年 15%,但在雨量上占比超过 50%。雨季降水与全年降水存在显著正相关,1960—2015 年,相关系数达到 0.81,可见华北年总降水量很大程度上取决于雨季的降水量。

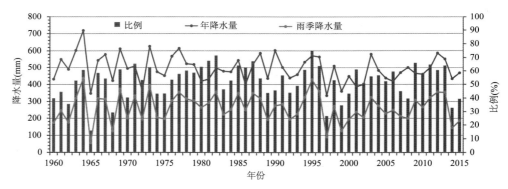

图 3.3 1960—2015 年年降水量、雨季降水量和雨季降水量占年降水量的比例

3.2.2 假相当位温(θ_{se})的演变特征

从 56 年平均雨季开始日的 110°~125°E 平均的 θ_{se} 经向剖面来看,雨季开始日(图 3.4a),1000 hPa 上 340 K 线向北推进到 41°N 附近,而在雨季结束日(图 3.4b),340 K 线南退到 37.5°N 以南。从 θ_{se} 等值线所代表的锋区特征来看,华北区域雨季开始和结束的锋区结构存在明显的差异:雨季的开始主要是暖湿空气逐渐向北推进的结果,θ_{se} 水平梯度较小,锋面坡度相对较为平缓,华北地区对流层中下层表现为条件性层结不稳定($\partial\theta_{se}/\partial P > 0$);而雨季结束(图

3.4b)则是干冷空气向南推进的结果,θ_{se}锋区密集,锋区垂直结构相对陡立,说明雨季结束时北方深厚干冷空气向南暴发迅速,对流层中下层近似于中性层结。华北地区雨季的起讫对应不同的锋区特征和层结状态表明,华北雨季往往表现为以区域性对流降水过程开始,多以典型的锋面降水过程或稳定性降水过程结束。

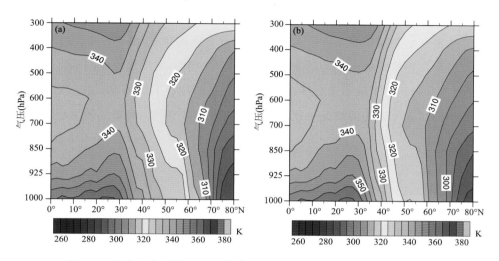

图 3.4　华北雨季开始日(a)和结束日(b)110°~125°E平均θ_{se}经向剖面

上述特征在华北雨季开始日和结束日前后各 20 d,华北中心区域(114°~119°E,37°~42°N)平均θ_{se}的演变上(图 3.5)表现得更清晰。

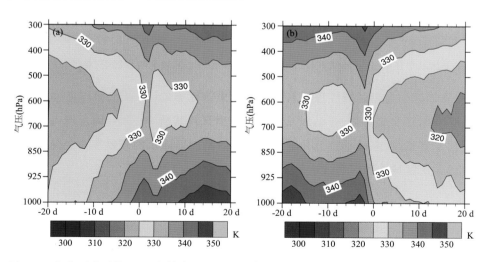

图 3.5　华北雨季开始日(a)和结束日(b)(对应第"0"d)前后 20 d 华北中心区域平均θ_{se}剖面

从图 3.5a 可见,华北雨季的开始日前后,对流层中下层(600 hPa 以下)各层θ_{se}随着日期的临近逐渐增大。利用 340 K 的θ_{se}线来代表暖湿空气的进程,可以看出,暖湿空气是以相对缓慢的楔形方式推进的,θ_{se} 等值线坡度平缓。而华北雨季结束日前后(图 3.5b),对流层中下层各层 θ_{se} 迅速减小,θ_{se} 等值线坡度陡立,大气平均层结不稳定迅速减弱,说明雨季的结束主要是北方深厚冷空气迅速南下的结果。

3.2.3 大尺度垂直速度(ω)的演变特征

从华北雨季开始和结束日期前后 20 d 的平均垂直运动来看,雨季开始日(图 3.6a)3 d 前,该区域对流层中层以稳定的下沉运动为主,而在雨季开始后,对流层中层的垂直运动发生了显著改变,转为上升运动和下沉运动交替出现,且上升运动强于下沉运动,这一现象与华北雨季一般以过程性降水天气为主的特征一致。相应地,在雨季结束后,对流层转为稳定而深厚的下沉运动(图 3.6b)。

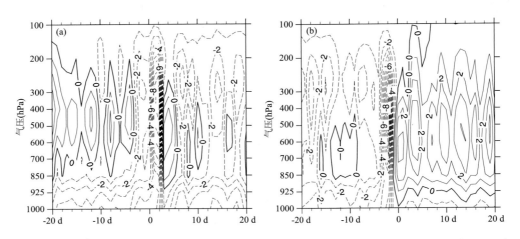

图 3.6 华北雨季开始日(a)和结束日(b)前后 20 日华北中心区域平均 ω 剖面(单位:10^{-2} Pa·s^{-1})

华北雨季的起讫是以区域性强降水开始或结束为标志的,所以在平均垂直运动场上可以看到,在雨季开始日及其后 2~3 d,以及在雨季结束日及其前 2~3 d,均表现为强而深厚的上升运动过程,也就是说,强的垂直上升运动造成的区域性强降水的开始往往预示着华北雨季的开始,而最后一次区域性强降水过程的结束标志着华北雨季的结束。

3.2.4 影响雨季持续时间长短的大气环流关键因子

利用 56 年的雨季资料,取雨季持续时间最长的前 10%(6 年)和最短的后 10%(6 年)分别作为雨季最长和最短的代表年。利用最长 10% 的年份和最短 10% 年份的差值,来讨论影响雨季长短的关键环流因子。

图 3.7a 为 200 hPa 高度场和风场的差异,从高度场差异上可以看出,中国东北地区为负值,负值中心超过 -120 gpm;风场差异的最大值出现在位势高度负值中心南侧的最大梯度

区。这说明,对流层上层东亚大槽较强的年份,雨季较长。纬向风差异的最大值(图 3.7b)出现在(40°N,90°~150°E),也就是说,在雨季长的年份,西风急流核的位置更偏东、偏南。对应 500 hPa 高度差异场(图 3.7c),平均而言,负值中心位于中国东北—远东地区,最大负值中心超过－40 gpm。与 200 hPa 高度距平的差表现特征一致。由此可见,华北雨季的长短与东北地区深厚的冷空气活动相关。850 hPa 高度场和风场(图 3.7d),在蒙古国表现为高度差异正中心,受反气旋环流风场控制,表明雨季长的年份,北方冷空气相对活跃,更容易向南暴发。

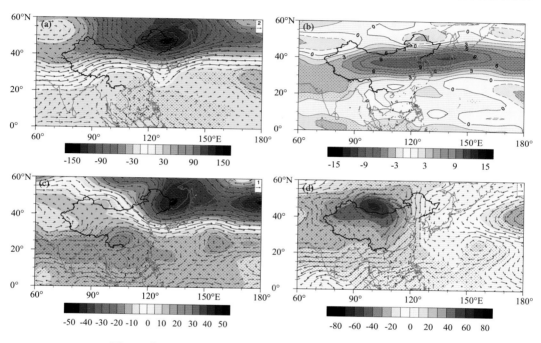

图 3.7 华北雨季长－短环流形势差(高度场:m;风场:m·s⁻¹)

(a. 200 hPa 高度场和风场;b. 200 hPa 纬向风场;c. 500 hPa 高度场和风场;d. 850 hPa 高度场和风场)

　　综合分析来看,影响华北雨季长短的关键区域在北方地区,尤其是中国东北—远东地区的冷空气活跃程度。该区域为位势高度负距平控制时,华北雨季表现出更长的持续时间。而在 850 hPa,当贝加尔湖以南的对流层低层表现为更强的反环流控制时,其东侧的东北气流引导冷空气向南发展,有利于华北雨季维持。

3.2.5　雨季降水多寡的大气环流差异

　　对每年雨季降水量进行排序,挑选出雨季降水量最多的 10% 年(6 年)与雨季降水量最少的 10% 年(6 年),比较它们在环流形势的差异,探讨影响华北雨季降水强度的关键大气环流因子。

在 200 hPa 高度(图略),中国大部分地区为负值,尤其是 40°N 以北,负值更大,并在中国东北—远东地区存在一个负值中心。从 200 hPa 纬向风的差异来看,华北地区为正值,这表明,在降水更多的年份里,华北地区的偏西风表现更强;值得注意的是,在西北地区东部、东北地区东部至日本北部,各存在一个正值中心区:华北地区位于西北东部正值中心前端的左侧,同时位于东北地区至日本北部正值中心后端的右侧。从高空急流的非地转运动对应的高空水平散度分布可知,华北地区上空的辐散运动,雨季降水显著偏多的年份明显比偏少年份更强。对应 500 hPa 高度,鄂霍次克海存在一个西北—东南向的负值中心,整个北方地区为负值,对应 850 hPa 风场的差异值,华北地区为偏北气流,鄂霍次克海以东存在一个清晰的气旋环流。上述分析表明,华北地区雨季降水显著偏多的年份对应北方地区冷空气相对活跃。从 850 hPa 可以看到,西太平洋东部存在一个经向分布的反气旋环流和正的位势高度大值区,表明降水偏多年份,西太平洋副热带高压靠近大陆一侧往往表现为经向分布,引导其东侧的偏南暖湿气流向北输送。也就是说,华北雨季降水的多寡是北方冷空气与副高东侧偏南暖湿气流(东亚夏季风)的强弱决定的。

3.3 近 56 年来华北地区持续性极端暴雨过程的分类特征

3.3.1 华北持续性区域强降水、极端暴雨过程

基于前文对于华北极端降水过程的分析,本章对图 3.1 所示范围内 1960—2015 年各站点日降水量按降序排列,如果前 30% 站点(即 339 站中的 102 站)的日降水量平均值 ≥25 mm(即平均达到大雨量级),且持续日数大于或等于 2 d,则定义为一次持续性区域强降水过程,期间满足上述条件的强降水过程共有 125 次(表略)。针对这 125 次区域持续性强降水过程,按照每一个站点日降水量的 90% 分位作为该站点的日极端降水阈值(图 3.8)。从图中可以看到,太行山、燕山山前平原地区对应的日极端降水阈值相对较大,均在 75 mm 以上,其中,北京西南部、河北东北部以及天津沿海部分地区阈值超过 125 mm。研究区域内所有站点极端日水阈值的平均值为 76 mm,以此作为华北地区一次区域极端暴雨过程的阈值:即 125 次持续性区域强降水过程中,如果全场(即 339 站)前 30% 站点过程累积平均降水量达到 76 mm 以上,则记录为一次极端区域暴雨过程。1960—2015 年共有 56 次暴雨过程达到区域极端暴雨过程的标准,如表 3.2 所示。

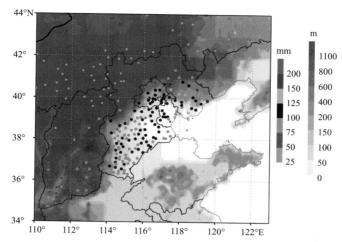

图 3.8　华北区域 125 次区域持续性强降水个例中,各站点日降水量 90％分位所对应的阈值
(散点)和地形高度(填色)

表 3.2　累积降水量区域平均值超过 76 mm 的华北区域极端暴雨过程(56 次)

排序	开始日期	持续时间(d)	累积降水量(mm)	排序	开始日期	持续时间(d)	累积降水量(mm)
1	1963-08-03	8	454.63	29	1969-08-10	3	98.03
2	1982-07-30	6	197.89	30	1974-08-07	3	97.29
3	1984-08-09	2	185.95	31	1964-08-01	2	96.20
4	1962-07-24	3	180.90	32	1989-07-21	3	95.92
5	1996-08-03	3	176.41	33	1978-08-26	2	95.77
6	2000-07-04	3	168.04	34	1967-08-19	2	95.69
7	1994-07-12	2	161.31	35	1987-08-26	2	95.21
8	1976-07-18	3	156.93	36	1983-08-04	3	91.34
9	1975-07-29	2	141.29	37	2013-07-09	2	89.50
10	1966-08-14	3	136.53	38	1988-08-13	3	87.58
11	1978-07-25	4	134.79	39	1971-06-25	2	87.43
12	2012-07-21	2	128.96	40	1986-06-26	2	87.39
13	1981-08-15	2	127.92	41	2007-07-29	3	84.78
14	1977-07-26	2	125.90	42	1988-08-04	2	83.32
15	1969-07-27	3	119.78	43	1990-08-26	3	83.00
16	1977-08-02	2	113.96	44	2006-08-28	3	82.76
17	2012-07-30	3	112.43	45	1982-07-24	2	82.75
18	1993-08-04	2	108.66	46	1960-07-15	2	81.07
19	1977-06-24	4	108.08	47	1961-09-27	2	80.58
20	1970-07-31	3	106.00	48	2005-08-16	2	79.91
21	1977-07-20	4	105.50	49	1985-08-23	3	79.89
22	1998-07-08	2	103.50	50	1979-07-02	2	79.52
23	1973-07-01	3	103.45	51	2011-07-29	2	79.43
24	1972-07-19	2	102.20	52	1994-08-05	2	78.20
25	1981-07-03	2	100.64	53	1995-07-29	2	77.88
26	1964-08-012	2	100.30	54	2011-08-15	2	77.73
27	1996-07-09	2	99.41	55	1992-07-23	2	77.53
28	1974-07-23	3	98.66	56	1973-08-20	2	76.28

3.3.2 华北持续性区域极端暴雨事件的一般特征

3.3.2.1 年际变化趋势

如图 3.9 所示,华北地区持续性区域极端暴雨事件的发生频数、平均累积降水量在最近 20 年来(1996 年以后)明显减少,这与其他人对华北地区降水趋势变化研究的结论相似(李红梅 等,2008;刘海文 等,2011b),即华北地区近年来的降水量、降水频次以及暴雨降水强度等均存在下降趋势,这主要是由于华北地区年降水量基本上是由暴雨事件的多寡决定的(吴正华 等,2000)。从持续性区域极端暴雨过程发生时间(图 3.10)来看,最早出现在 6 月下旬,最晚出现在 9 月下旬(1961 年 9 月),超过一半的持续性区域极端暴雨过程发生在 7 月下旬至 8 月上旬,这与华北的主雨季是一致的,即所谓"七下八上"。

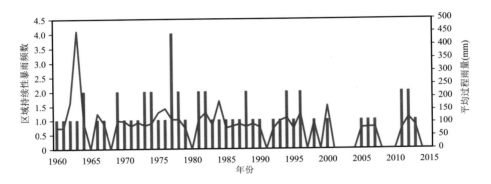

图 3.9　1960—2015 年华北区域极端暴雨过程统计

(红色折线为平均过程雨量,蓝色柱状为区域持续性暴雨发生频数)

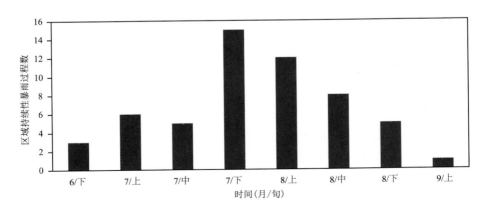

图 3.10　华北持续性区域极端暴雨过程数的旬分布

3.3.2.2　空间分布和环流特征

地形对华北强降水具有显著影响(Xiao,1994；孙继松,2005；廖菲 等,2009；章翠红 等, 2018),如图 3.11a 所示,在 56 次区域极端暴雨过程中,日降水量≥25 mm 频率较高的站点区域主要集中在华北平原地区,其中北京平原地区频率最高,大部分在 40% 以上,其次为天津内陆和河北中部；太行山山脉以西、燕山山脉以北的站点出现频率在 20% 以下。从过程的平均累积降水量分布情况来看(图 3.11b),除了北京城区,过程平均降水量≥50 mm 的西边界和北边界大体上与 200 m 地形高度线走向一致,但是持续性区域极端暴雨过程的平均累积降水量分布与日降水量≥25 mm 频次分布并不完全一致,例如北京城区是大雨以上的频次最高区域之一,但是在这 56 次极端暴雨事件中的平均降水量并不大；而燕山东南侧出现大雨以上的频次并不是最大的,但暴雨过程的平均累积降水量最大(75 mm 以上),极大值位于 200 m 地形高度线附近。对比图 3.8 与图 3.11b 可以发现,极端暴雨过程平均累积降水量的大值中心与极端日降水强度的分布基本一致,也就是说,过程累积最大降水中心的形成主要是由极端降水强度造成而非降水持续时间。这可能与华北极端暴雨过程期间近地面层盛行东南气流有关,更靠近渤海湾的燕山东南部山前迎风坡更有利于降水强度加大而非降水时间的持续性。

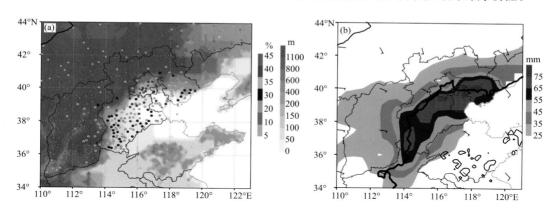

图 3.11　56 次区域极端暴雨过程(a)各站点日降水量≥25 mm 的频率(散点)(即≥25 mm 的
日数占所有过程总降水日数的比例)和地形高度(填色)(a)和平均降水量分布及
海平面风场(b,单位:m·s⁻¹,黑色实线为 200 m 地形高度线)

从 56 次华北持续性区域极端暴雨过程的合成平均环流特征与暖季(6—9 月)常年的差异可以看到(图 3.12):华北持续性区域极端暴雨期间,高原以东的经向型环流特征显著(所谓一槽一脊型)。在 500 hPa 位势高度上,130°E 附近为正距平中心,强度超过 16 dagpm,黄河河套东侧出现−12 dagpm 的负距平中心,华北中部呈现非常强烈的东西向位势梯度,表明华北极端暴雨过程中,平均而言,经向型斜压特征比较清晰,与此同时,与中纬度位势高度正距平中心对应的低纬度洋面上出现了两个负距平中心,也就是说,华北极端区域性暴雨期间,大多数情

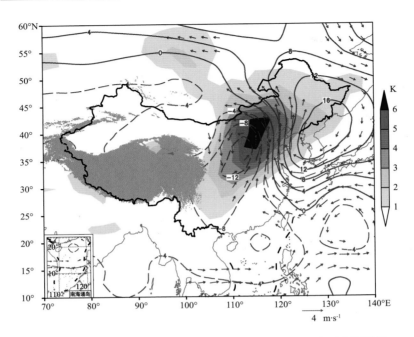

图 3.12　56 次华北持续性区域极端暴雨过程合成的平均环流距平场

（等值线为 500 hPa 位势高度距平（单位：dagpm，实线为正值，虚线为负值），风矢量为 850 hPa

水平风距平（≥1 m·s⁻¹）和 850 hPa 假相当位温正距平（填色））

况下热带风暴系统相对活跃。华北地区对流层低层 850 hPa 表现为较强的南风距平，它是由两支气流汇合形成的：主要一支由东部 500 hPa 位势正距平南侧的偏东气流转向而形成，另外一支是沿高原东侧的西南气流，这与最近的一些关于北京地区极端降水事件的研究结果是一致的（廖晓农 等，2013；孙继松 等，2015；杨波 等，2016）。华北地区 850 hPa 的假相当位温呈现明显正距平，距平中心值超过 6 K。上述这种配置结构表明，华北地区大多数持续性极端暴雨过程的形成不仅与中低纬度天气系统相互作用、远距离的暖湿输送过程有关，而且与斜压不稳定和层结不稳定的发展过程有密切关系。

3.3.3　华北持续性极端暴雨过程的分类方法

3.3.3.1　客观分类

　　使用聚类分析方法，基于 500 hPa 位势高度场、850 hPa 温度场，采用最小距离法对 56 次极端暴雨过程进行聚类分析。如图 3.13 所示，当分为 5 类时，类内最大距离系数和类间最小距离系数出现陡增，当分类数小于或等于 4 时，两者均不能通过 95％置信水平（$n=273$），据此本章将 56 个过程客观分为 5 类，具体分类结果如表 3.3 所示。

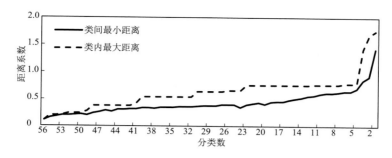

图 3.13　56 次华北持续性区域极端暴雨过程类间最小距离和类内最大距离随分类数的变化

表 3.3　56 次华北持续性区域极端暴雨过程环流形势聚类分析结果

序号	第 1 类	第 2 类	第 3 类	第 4 类	第 5 类
1	1960-07-15—16	1964-08-12—13	1977-07-26—27	1971-06-25—26	1979-07-02—03
2	1961-09-27—28	1966-08-14—16	1984-08-09—10	1977-06-24—27	
3	1962-07-24—26	1967-08-19—20	1994-08-05—06	1986-06-26—27	
4	1963-08-03—10	1969-07-27—29	1996-08-03—05		
5	1964-08-01—02	1970-07-31—08-02			
6	1969-08-10—12	1972-07-19—20			
7	1973-07-01—03	1977-08-02—03			
8	1974-07-23—25	1978-07-25—28			
9	1974-08-07—09	1978-08-26—27			
10	1975-07-29—30	1979-07-25—28			
11	1976-07-18—20	1981-08-15—16			
12	1977-07-22—23	1983-08-04—06			
13	1981-07-03—04	1985-08-23—25			
14	1982-07-24—25	1987-08-26—27			
15	1982-07-30—08-04	1988-08-13—15			
16	1988-08-04—06	1989-07-21—23			
17	1993-08-04—06	1990-08-26—28			
18	1994-07-12—13	1992-07-23—24			
19	1996-07-09—10	1995-07-29—30			
20	2000-07-04—06	1998-07-08—09			
21	2007-07-29—31	2005-08-16—17			
22	2011-07-29—30	2006-08-28—30			
23	2012-07-21—22	2011-08-15—16			
24		2012-07-30—31			
25		2013-07-09—10			

3.3.3.2　客观分类的天气学检验

对造成极端天气事件的天气系统进行人工分类或分型,然后进行合成分析,是针对天气尺度系统进行合成研究常用的研究方法(陶诗言,1980;丁一汇 等,1980;雷雨顺,1981;杨波 等,2016;孙建华 等,2005;Luo et al.,2016),这种分类方法的缺点在于过度依赖研究者的主观判断,由于统计样本不同,分类或分型标准不同,而且大部分华北暴雨过程都存在两个或两个以上天气尺度系统相互作用或相互叠加,往往造成不同研究者的分类结果难以统一;而基于基本要素的数学客观分类,又可能出现天气学意义不明确的聚类分型。上述客观方法得到的分类是否具有显著不同的天气学意义呢? 在客观分类研究的基础上,进一步对每一类极端暴雨过程的环流形势逐一进行天气学检验。通过对 56 次持续性区域极端暴雨过程的主要天气影响系统和物理量要素对比后发现:第 1 类(23 次)主要表征了深厚高空槽系统受东侧高压阻挡后形成的持续性极端暴雨过程,雨带呈东北—西南向分布,称为经向型;第 2 类(25 次)主要代表了纬向型副热带高压北侧西风带系统产生的暴雨过程,雨带偏向于纬向分布,称为纬向型;第 3 类(4 次)主要代表登陆热带气旋北上后受东部高压阻挡停滞或与西风带低槽相互作用造成的持续性降水,称为登陆热带气旋;第 4 类中 3 次过程均是由深厚的高空槽东移带来的典型锋面降水,同样具备经向型环流特征,但是因发生在 6 月底,此时副热带高压主体尚未北跳,平均脊线位置在 25°N 附近,称为初夏型;第 5 类仅有 1 次过程(1979 年 7 月 2—3 日),是东北冷涡后部的干冷空气与副热带高压北侧西风气流相互作用形成的暴雨天气过程,暴雨主体位置偏向华北东部;由于这类持续性极端暴雨过程仅有一次,后文不再讨论。

需要指出的是,第 1 类持续性极端暴雨过程中,1962 年 7 月 24—26 日、1982 年 7 月 30日—8 月 4 日、1994 年 7 月 12—13 日 3 次过程,虽然受到深厚的西风槽影响,但是北上的登陆热带气旋与西风带槽相结合,是西风槽加深并长时间稳定维持并形成经向型持续极端暴雨的主要成因(图略),之前的相关研究(孙建华 等,2005;边清河 等,2005)认为上述 3 次过程属于登陆台风影响造成的暴雨,因此,本章将这 3 次过程归为第 3 类。经过天气学检验后,将研究对象分为经向型(20 次)、纬向型(25 次)、登陆热带气旋型(7 次)、初夏型(3 次)(表 3.4)。

表 3.4　天气学检验后的环流分型

序号	经向型	纬向型	登陆热带气旋型	初夏型
1	1960-07-15—16	1964-08-12—13	1962-07-24—26	1971-06-25—26
2	1961-09-27—28	1966-08-14—16	1977-07-26—27	1977-06-24—27
3	1963-08-03—10	1967-08-19—20	1982-07-30—08-01	1986-06-26—27
4	1964-08-01—02	1969-07-27—29	1984-08-09—10	
5	1969-08-10—12	1970-07-31—08-02	1994-07-12—13	
6	1973-07-01—03	1972-07-19—20	1994-08-05—06	

序号	经向型	纬向型	登陆热带气旋型	初夏型
7	1974-07-23—25	1977-08-02—03	1996-08-03—05	
8	1974-08-07—09	1978-07-25—28		
9	1975-07-29—30	1978-08-26—27		
10	1976-07-18—20	1979-07-25—28		
11	1977-07-22—23	1981-08-15—16		
12	1981-07-03—04	1983-08-04—06		
13	1982-07-24—25	1985-08-23—25		
14	1988-08-04—06	1987-08-26—27		
15	1993-08-04—06	1988-08-13—15		
16	1996-07-09—10	1989-07-21—23		
17	2000-07-04—06	1990-08-26—28		
18	2007-07-29—31	1992-07-23—24		
19	2011-07-29—30	1995-07-29—30		
20	2012-07-21—22	1998-07-08—09		
21		2005-08-16—17		
22		2006-08-28—30		
23		2011-08-15—16		
24		2012-07-30—31		
25		2013-07-09—10		

3.3.4　不同类型持续性区域极端暴雨过程的基本特征

3.3.4.1　降水空间分布特征

图 3.14 为不同类型持续性区域极端暴雨过程中站点日降水量≥50 mm 的频率、平均累积降水量的空间分布,可以看到:整体来看,日降水量≥50 mm 的高频站点分布和平均累积降水量大值中心分布并不完全一致。其中,对于经向型持续性区域暴雨过程(图 3.14a),日降水量超过 50 mm 频率最高的站点主要位于北京东部和南部地区(25％以上),但是平均累积降水量最大中心位于京津冀交界区域,次中心位于河北西南部,该区域暴雨中心与南太行山山前的暴雨日频数中心有良好的对应关系,平均来看,这类过程的平均累积降水量在四类暴雨中最小;纬向型区域极端暴雨过程(图 3.14b),日降水量超过 50 mm 频率较高的站点主要分布在河北东北部—北京东南部—河北中东部一带(20％以上),即燕山南坡和太行山中部山前的平原地区,站点暴雨日最大频次明显低于经向型降水,但是平均累积最大降水量却比经向型明显

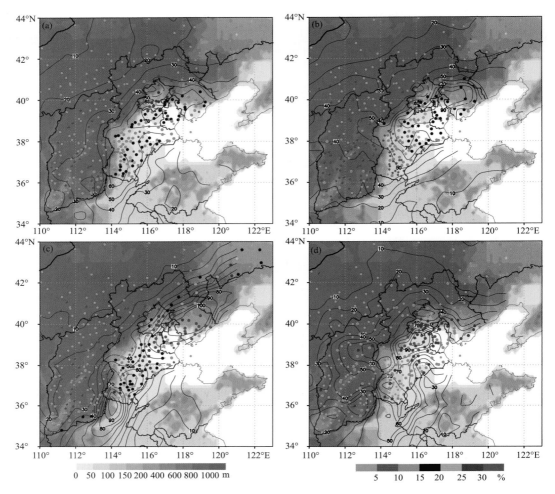

图 3.14　不同类型持续性区域极端暴雨过程平均降水量(黑色实线,间隔:10 mm)、

暴雨日(日降水量≥50 mm)频率(散点)

(a. 经向型;b. 纬向型;c. 登陆热带气旋型;d. 初夏型,填色为地形海拔高度)

偏大,从河北东部到天津、河北中部一带有较大区域平均累积降水量(超过 80 mm),河北东部—天津北部甚至超过 90 mm,表明这类极端暴雨中心主要是通过持续性降水形成。登陆热带气旋型(图 3.14c),日降水量超过 50 mm 高频率站点相较经向型和纬向型更多,站点频率达30%以上的区域主要位于河北东北部(燕山东南侧及相邻的平原地区)和北京东部平原地区,远离地形的河北中部至天津的平原地区也存在一个日降水量超过 50 mm 的高频率带(25%以上),雨带分布为显著的东北—西南向,两个平均累积降水大值中心分别位于燕山南侧和南太行东侧的冀豫交界地区,平均累积降水量为四类区域极端暴雨最大,大范围超过 70 mm,尤其是河北东北部—天津东北部一带,有较大区域超过 100 mm。初夏型(图 3.14d),日降水量超

过 50 mm 的高频率站点和过程最大累积降水量的区域重叠性较好,均位于北京南部—河北中部一带,最大降水量超过 100 mm,最大频率超过 30%。从上述四类持续性区域极端暴雨过程的平均累积降水量分布可以看到,过程平均累积降水量超过 50 mm 的区域一般发生在燕山以南、太行山以东,即地形向平原地区的过渡带以及平原地区,但是纬向型、初夏型持续性区域极端暴雨过程,太行山西侧的山西中部存在平均累积降水量达到暴雨量级(≥50 mm)的降水,尤其是初夏型区域极端暴雨过程中,山西中西部个别站点出现日降水量超过 50 mm 的频率并不比大多数华北东部平原站点低,其中四个站点的频率超过 25%,且在中部存在一个独立的累积降水量暴雨中心(超过 60 mm)。

3.3.4.2　环流形势与动力学结构特征对比

大量的研究结果表明(Ding,1992;Tang et al.,2006;孙建华 等,2005),中纬度地区形成持续性区域极端暴雨的基本条件包括:相对稳定的大尺度天气系统配置结构、持续的水汽供应、强而持久的上升运动、对流环境的反复重建。上一节的研究已经表明,不同天气环流背景下的暴雨日频率分布和最大平均降水量分布并不完全一致,这可能与华北地区四类持续性区域极端暴雨过程中这些基本条件演变的差异有关。

对比四类持续性区域极端暴雨过程的分类合成环流场相对于夏季气候平均场可以看到(图 3.15),经向型持续性暴雨过程(图 3.15a)最显著的特征表现为:130°E/47.5°N 附近的位势高度正距平中心(中心值>28 dagpm)与华北西部的低压槽(110°E/37.5°N 位势高度负距平,中心值<−20 dagpm)构成相对稳定的大尺度环流背景;沿二级阶梯地形东侧、贯穿中低纬度的异常强盛的低空西南气流与副高西侧异常的偏东风气流在华北地区汇合,形成异常强劲的偏南低空急流,两支气流的汇合区也是水汽通量最大的区域,暴雨中心偏向于水汽通量大值中心的左侧,也是偏南低空急流轴左侧;从水汽通量的距平分布可以看到,这类华北暴雨的水汽贡献主要来自贯穿中低纬度的异常强盛的低空西南气流,从中南半岛、北部湾一直延伸至45°N 以北;令人意外的是,来自西太平洋东岸的这支异常偏东气流对应的水汽通量为负异常,这表明,平均而言,与西太平洋副高有关的这支气流对这类华北区域性极端暴雨过程的总体水汽贡献并不大。结合以上降水和环流特征,沿 40°N 做纬向—高度剖面(图 3.16a),可以看到:穿过锋区的东西向次级环流异常非常清晰,锋区后侧 110°E 以西为下沉运动,上升支几乎贯穿整个对流层,位于偏南风气流中,并且与锋前的假相当位温正异常中心重合,该区域对流层中层存在弱的异常不稳定区($\partial \theta_{se}/\partial P > 0$),弱的干冷空气从东、西两侧侵入暴雨区低层。因此,经向型环流特征背景下的华北极端暴雨过程一般伴随对流性降水,对流层中低层贯穿中低纬度的西南低空急流不仅有利于持续的水汽输送,而且对于暴雨区对流层中低层对流不稳定的反复重建进而维持至关重要。

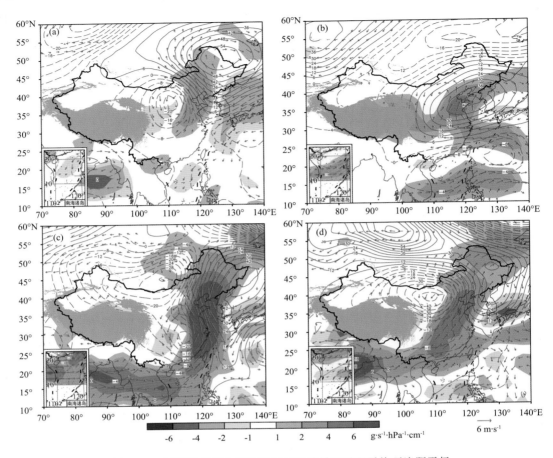

图 3.15 不同类型华北持续性区域极端暴雨过程平均环流距平场

（a. 经向型；b. 纬向型；c. 登陆热带气旋型；d. 初夏型；黑色等值线为 500 hPa 位势高度场异常；
实线为正值，虚线为负值，单位：dagpm；红色箭头矢量表示 850 hPa 水平风场正距平（≥1 m·s⁻¹），
填色为 850 hPa 水汽通量距平）

纬向型持续性暴雨（图 3.15b）与经向型暴雨在环流形势上的区别主要表现在：大陆东岸的位势高度正距平中心偏南/偏西约 10 个纬度/经度，即西太平洋副热带高压呈纬向型，而华北西部的位势高度负距平很小，远没有经向型显著（最小负距平<−20 dagpm），即在平均位势高度场上表现为位置偏西、强度偏强的西太副高北侧西风带浅槽影响的大尺度环流背景，同时，在副高南侧的南海北部和台湾岛以东洋面热带低压系统活跃，副高与热带低压系统之间的异常偏东气流区对应的水汽通量为正异常，即这类华北暴雨的水汽贡献主要由西北太平洋沿副高外围输送至暴雨区，副高南侧相对活跃的热带风暴进一步强化了这种水汽输送强度。结合以上降水和环流特征，沿 117.5°E 做经向—高度剖面（图 3.16b），可以看到，纬向型持续性暴雨的次级环流经向环流特征明显，对应的锋区强度（水平梯度）显著强于经向型暴雨，异常上

升运动与暴雨区对应,下沉气流异常分别位于 45°N 以北和 32.5°N 以南;假相当位温正距平区狭窄而深厚,且假相当位温正距平(中心最大值>7.5 K)显著强于经向型(中心最大值略大于 4.5 K);与经向型持续性极端暴雨过程的层结异常不稳定状态不同,纬向型持续性极端暴雨的对流层中下层的层结稳定度与整个夏季状态相当,即表明这类暴雨过程中锋区降水特征更清晰。这可能是这类极端暴雨过程中,站点日降水量超过 50 mm 的最大频次明显低于经向型降水,但是累积平均最大降水量却比经向型明显偏大的主要原因是锋面降水持续性更强,且在空间上比对流性降水更均匀。

从环流特征分类来说,登陆热带气旋型持续性暴雨过程也是经向型环流主导下的暴雨过程,但是其在位势高度场上比一般的经向型持续性暴雨过程经向度更大(图 3.15c),我国东部沿岸附近的位势高度距平水平梯度也更大;位势高度正异常区位于 125°E 附近从台湾东南洋面贯穿至我国东北东部的广大区域,即西太平洋副高呈经向型"块状结构"且异常偏强;115°E 附近存在南、北两个位势高度负距平中心,分别对应登陆热带气旋的平均位置(中心强度<−32 dagpm,平均位置中心位于 30°N 附近)和中高纬度西风带系统(中心强度<−20 dagpm,平均位置中心位于 47.5°N 附近),华北持续性极端区域暴雨位于南、北两个低值中心之间;与 500 hPa 位势高度距平水平梯度对应的是,对流层低层 850 hPa 上存在一支异常强的偏南低空急流和水汽输送带,华北东部的水汽通量距平>6 g · s^{-1} · hPa^{-1} · cm^{-1},强度约为一般经向型持续性暴雨过程的一倍。这支低空急流通过南海西南季风与 25°N 以南的偏西风异常联系起来,横跨孟加拉湾与中南半岛的这支水汽异常偏西风通过登陆热带气旋"中转",对这类华北暴雨过程的水汽输送产生了重要作用。

从沿 40°N 的纬向—高度剖面(图 3.16c)可以看到,区别于经向型极端暴雨过程,登陆热带气旋型暴雨中心东、西两侧的两个假相当位温锋区均表现为随高度向西侧倾斜,暴雨中心位于西侧假相当位温锋区附近,位于暴雨区东侧,与低空急流对应的假相当位温正距平(中心最大值>7.5 K)显著强于经向型极端暴雨过程,异常中心位置更低,位于 700 hPa 附近,与之对应的对流不稳定和南风异常更强;在 117.5°E 经向剖面上(图 3.16d),假相当位温正距平中心(中心最大值>9 K)与登陆热带气旋对应,大范围垂直上升运动从低纬度一直延伸至华北北部,最大上升运动中心并不位于登陆气旋的位置而是位于登陆气旋暖湿舌的顶端,即 40°N 附近的暴雨中心,最大上升运动强度约为经向型极端暴雨的 1.4 倍,下沉支位于降水区的东北侧(45°N 附近)。靠近异常暖湿舌顶端的对流不稳定和锋面附近的条件性对称不稳定的维持机制对这类持续性极端暴雨过程可能是非常重要的,通过登陆热带气旋东北侧低空急流持续的暖湿平流输送对于不稳定机制的维持也至关重要。因此,登陆台风与中高纬冷空气相互作用触发的这类华北暴雨比一般经向型环流背景下的华北暴雨强度更大的直接原因就是:更充

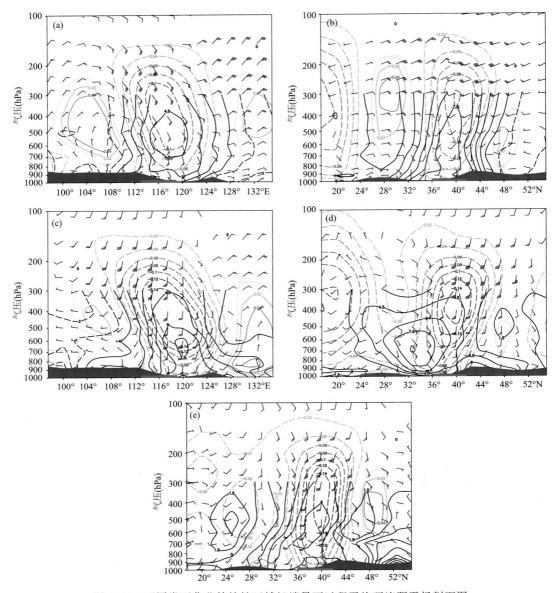

图 3.16　不同类型华北持续性区域极端暴雨过程平均环流距平场剖面图

（a. 经向型沿 40°N 的纬向—高度剖面图；b. 纬向型沿 117.5°E 的经向—高度剖面图；c. 登陆热带气旋

型沿 40°N 的纬向—高度剖面图；d. 登陆热带气旋型沿 117.5°E 的经向—高度剖面图；e. 初夏

型沿 117.5°E 的经向—高度剖面图；黑色等值线为假相当位温异常，单位：K；彩色等值线为

垂直速度异常，单位：Pa·s⁻¹；风杆为水平风异常，单位：m·s⁻¹；阴影区域为地形）

沛的水汽输送、更强的上升运动和更不稳定的大气状态。

　　初夏型持续性暴雨过程（图 3.15d）：从中纬度 500 hPa 位势高度场距平分布来看，这类持续性暴雨过程与 56 次华北持续性区域极端暴雨过程合成平均环流距平场最接近(图 3.12)。高空槽(115°E 附近的位势高度负距平中心)与东部高压坝(130°E 附近的位势高度正距平中心)的维持,形成了有利于华北暴雨发生的大尺度环流形势,对流层中层的冷空气势力是四类极端暴雨过程中最为强盛的,与之对应的 500 hPa 位势高度比暖季平均值偏低,幅度达到 30 dagpm 以上;远距离平均水汽输送通道与登陆热带气旋型暴雨相似,活跃的印度季风低压中心(位于 25°N/80°E,最大距平小于 -20 dagpm)南侧,异常强盛的纬向型低空西南气流携带充沛的水汽,穿过中南半岛、北部湾后,转为西南—东北向穿越中国中部一直延伸至 45°N 以北。由于这类极端暴雨过程主要发生在 6 月下旬,副高主体尚未北上,副高脊线尚在 25°N 以南,华南沿海至台湾东南洋面存在明显的位势高度正异常中心。在经向剖面结构上(图 3.16e),存在清晰的随高度向北倾斜的假相当位温锋面结构,与之对应的垂直环流表现为沿锋面向北倾斜的深厚上升运动异常、在暴雨区北侧(48°N 以北)的异常下沉运动。其上升运动强度异常接近登陆台风型华北暴雨(-0.14 Pa·s^{-1});大范围中低层偏南气流异常程度也比经向型和纬向型华北暴雨更强。与之对应,对流层中层存在一个大于 6 K 的假相当位温中心;对流层低层存在较强的垂直风切变异常和一定强度的层结不稳定异常(华北地区 850 hPa 以下 $\partial\theta'_{se}/\partial P>0$)。这表明,初夏时期的华北极端暴雨过程一般与锋面系统强迫下的对流性强降水过程有关,这种天气尺度形势和热、动力学不稳定背景下的对流性降水强度大且组织化程度较高,这可能是这类极端暴雨过程的日降水量≥50 mm 的高频站点分布与过程累积平均降水量最大区域重叠性较好的天气学原因。

综上所述,华北地区四类持续性区域极端暴雨过程一般都与不同天气系统配置结构下的锋面动力学过程有关,但是由于锋面结构特征、环境大气层结状态以及与低空急流有关的暖湿输送通道和强度不同,造成不同环流特征背景下,日降水量≥50 mm 的高频站点和平均累积降水量在空间分布上表现出明显差异。从远距离水汽输送通道来看,源于西太平洋副热带高压南侧的水汽通道只在纬向型环流华北持续性区域极端暴雨过程起主导作用;初夏极端暴雨以及登陆热带气旋与西风带系统相互作用造成的华北极端暴雨过程中,印度季风低压活跃造成的 25°N 以南异常强盛的纬向型低空西南气流携带充沛的水汽,穿过中南半岛后通过西南低空急流或者登陆热带气旋"中转",是这两类暴雨区的主要水汽供应源;经向型环流背景下的水汽输送也与这支位于青藏高原南侧的西风气流异常有关。这可能是华北地区夏季降水与印度季风降水的相关性显著强于我国东部其他地区的主要原因(郭其蕴 等,1988;Zhang et al.,1999)。从大气层结来看,经向型、初夏型和登陆热带气旋型持续性区域暴雨过程中都表现出不同程度的对流不稳定异常($\partial\theta'_{se}/\partial P>0$),低空急流持续的暖湿平流输送有利于层结不稳定的维持和重建;更充沛的水汽输送、更强的上升运动和更不稳定的大气状态,是登陆台风与中高纬冷空气相互作用触发的华北暴雨比一般经向型环流背景下的华北暴雨强度更大的直接原因;初夏时期的华北极端暴雨过程一般与随高度向北倾斜的锋面系统强迫下的对流性强降水过程有关,这种天气尺度形势和热动力学不稳定背景下的对流性降水强度大且组织化程度较高,造成这类极端暴雨过程的日降水量超过 50 mm 的高频站点分布与过程累积平均降水量最大区域重叠性更好,而大多数经向型持续性区域暴雨过程中可以明显地区分为锋面前暖区一侧的对流降水与锋面降水过程(孙继松 等,2012,2015;雷蕾 等,2020),造成日降水量超过 50 mm 的高频站点分布与过程累积平均降水量最大区域重叠性相对较差。

3.4　2016 年 7 月 20 日华北特大暴雨过程中低涡发展演变机制

3.4.1　暴雨过程特点

华北地区 7 月 18—21 日出现区域性大暴雨,部分地区特大暴雨,位于太行山前的河南安阳、河北石家庄等地局地过程雨量更是超过 700 mm。北京地区 19 日 01 时至 21 日 08 时过程平均降雨达到 212.6 mm,降水总量有三站超过 400 mm,20 个国家级气象站中有 9 个站 24 h 降雨量突破历史极值(图 3.17a、b,此图 a、b 为北京时,c～h 为世界时)。本次暴雨天气过程造成重大人员伤亡和财产损失,仅河北省就因灾死亡 130 人、失踪 110 人,直接经济损失达 163.68 亿元。

对北京地区来说,这次过程有如下特点:

(1)降水持续时间长。这次降雨过程从 19 日 01 时开始至 21 日 08 时(北京时)结束,持续时间超过 55 h。

(2)强降水范围广,降水总量大。全市有 362 个自动站总降水量超过 100 mm,最大降雨出现在门头沟东山村(453.7 mm)。

(3)强降水期间降雨较为平缓,对流(雷电现象)活动相对较弱。

从雷达回波的演变发展来看,北京地区降雨过程有明显的阶段特征,可分为三个阶段。

(1)槽前降雨阶段(图 3.17c、d):该阶段北京地区出现中到大雨,主要表现为高空槽前局地对流强降水。

(2)低涡外围螺旋雨带持续性降水阶段(图 3.17e、f):该阶段是降雨的主要时段(19 日 23—20 日 20 时,北京时),北京多站次出现大暴雨,雨势相对平缓,对流性相对较弱。

(3)低涡中心附近窄带弱对流降水阶段(图 3.17g、h):这一阶段是北京地区降水的结束阶段。

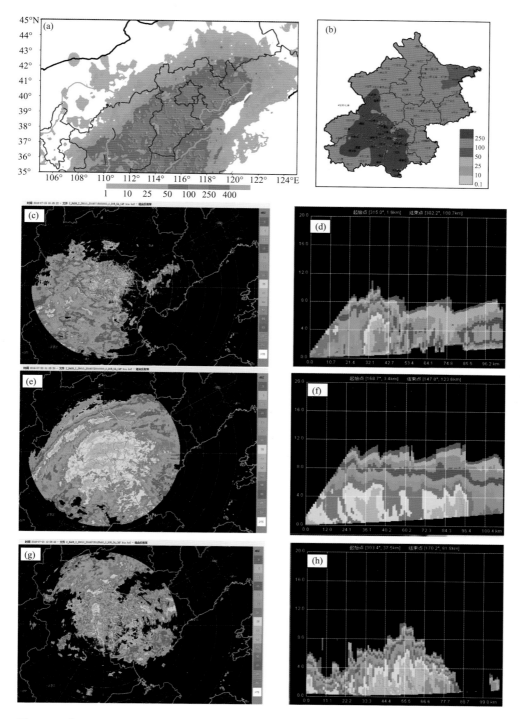

图 3.17　华北(a)及北京(b)地区过程总雨量(单位:mm),北京地区三个阶段(c、d. 19 日 00 时;
e、f. 20 日 01 时;g、h. 20 日 13 时)降水雷达回波组合反射率(dBZ)和垂直剖面特征

3.4.2 低涡系统的发展演变

(1)天气形势及降水落区分布

7月19日00时(世界时,下同)500 hPa高度上,在蒙古中部出现闭合小低涡,低涡南侧为从云南经四川盆地、陕西至华北西部的低槽系统(图3.18a)。20日00时华北中部上空形成了加深发展的大范围闭合低涡(5760 gpm),副热带高压由海上西伸至我国华东—华南沿海,低

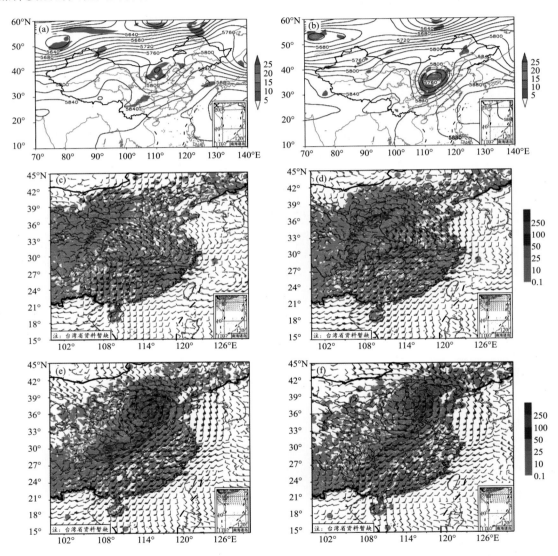

图3.18 高低空系统形势及降水落区演变(19日00时(a)和20日00时(b)500 hPa位势高度(等值线,单位:gpm)和正涡度(填色,单位:10^{-5} s^{-1});18日12时(c)、19日00时(d)、20日00时(e)、20日12时(f)850 hPa风场和过去12 h降水量(填色,单位:mm))

涡系统受到东侧副高的阻挡在华北上空停滞(图 3.18b)。低层 850 hPa 上,18 日 12 时分别在川陕交界及湘鄂赣交界有南北向和东西向两条切变线,相应地,在切变线附近及偏南急流的顶端产生南北向和东西向两条雨带(图 3.18c)。19 日 00 时川陕交界的切变线向东北方向倾斜,东部的东西向切变线也随西南急流的向北推进而北抬,两条切变线逐渐呈"人"字形,同时在切变线附近出现了西南、东南、东北三支气流的加强(图 3.18d)。19 日夜间涡旋系统快速发展,20 日 00 时已在华北上空形成闭合完整的低涡环流及大范围的涡旋雨带,并且维持时间长达24 h,北京地区的暴雨主要降雨时段就出现在低涡显著发展增强、维持阶段(图 3.18e~f)。

上述分析表明,华北地区本次大范围暴雨天气过程与低涡系统的形成、移动并强烈发展过程有关,因此,对于该低涡系统结构发展演变及其发展加强的机制研究是这次极端暴雨过程的关键科学问题。

(2)低涡(地面气旋)系统的移动、强度演变

19 日 00 时 850 hPa 低涡在四川东部和重庆交界处略有东移并逐渐减弱,19 日 12 时在河南西北部形成新的闭合低涡并迅速发展加强,19 日 18 时进入河北南部,位势高度不断降低,20 日 00 时最低达 1345 gpm,随后沿太行山山前向北缓慢移动至河北北部减弱(图 3.19a);对应于 850 hPa 的新生低涡,地面气旋中心(图 3.19b)经河南西部和北部、河北南部向北推至京津交界一带,移动过程中气旋中心气压也在不断降低,20 日 00 时气旋中心位于河北南部时,最低海平面气压达到 991.1 hPa(表 3.5),即 20 日 00 时 850 hPa 与地面的系统同步加强至最强状态。

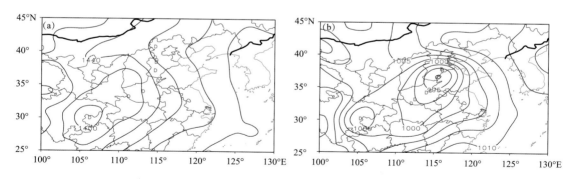

图 3.19　850 hPa 低涡中心移动路径(a.等值线为 19 日 00 时 850 hPa 位势高度场,单位:gpm)

和地面气旋中心路径(b.等值线为 20 日 00 时海平面气压场,单位:hPa)

(路径均为 19 日 00 时至 21 日 00 时,UTC,6 h 间隔)

表 3.5　低涡、气旋强度变化

	19 日 00 时	19 日 06 时	19 日 12 时	19 日 18 时	20 日 00 时	20 日 06 时
850 hPa 位势高度(gpm)	1390	1395	1365	1360	1345	1365
海平面气压(hPa)	995.1	995.2	994.7	992.8	991.1	992.8

分析(20°~45°N,100°~120°E)区域各层最大涡度随时间的演变发现(图 3.20):各层最大正涡度中心从 19 日 06 时之后显著发展,高层 200 hPa 的涡度值与低空 850 hPa 的涡度值两者增强最为显著,而 500 hPa 和 700 hPa 的涡度值强度变化幅度相对较小。从发展演变时间来看,200 hPa 的涡度值开始明显增强的时间较早(19 日 00 时),此后,500~850 hPa 的涡度值才开始出现增大,并且 850 hPa 涡度值增长幅度最为明显。因此,200 hPa 的高空低压槽系统事实上是先于中下层低涡系统发展的,并且对于 850 hPa 的低值系统影响更为显著,从这个角度来说低层低涡的发展存在高层异常指示信号。

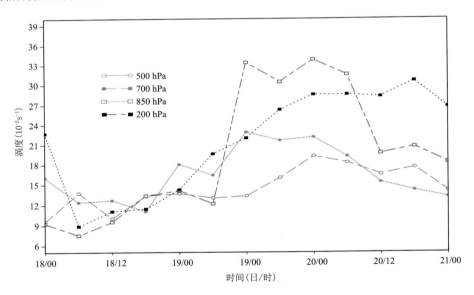

图 3.20　18 日 00 时至 21 日 00 时各标准等压面层最大正涡度随时间变化曲线

(3)低涡系统垂直结构演变

低涡系统在移动过程中,不仅强度发生了显著变化,垂直结构也发生了明显变化。从 19 日 00 时低涡开始发展时刻追踪低涡的垂直结构演变(图 3.21)可见:19 日 00 时开始,600 hPa 以下及 300 hPa 高度上均有正涡度的增强发展,中心位置分别位于 114°~115°E 和 105°~110°E 上空,西侧系统略强,涡柱覆盖范围较广。随后,两个涡度系统逐渐合并,并且高空

300 hPa 的正涡度中心强度明显增强并逐渐向东移动,20 日白天东移至 113°～114°E,而低层最大正涡度中心不断加强,并稳定在 114°～115°E,高低空正涡度柱逐渐垂直,演变成一个近似直立的涡柱,涡柱水平范围逐渐收缩,整层涡度强度增强。

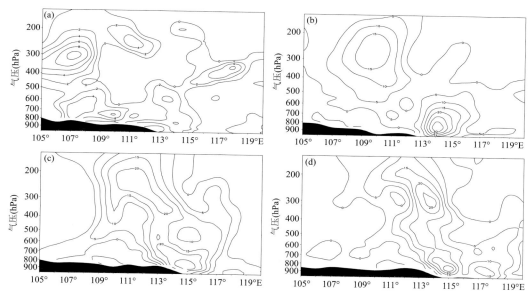

图 3.21　沿涡旋中心的正涡度垂直分布(单位:10^{-5} s^{-1})

(a.19 日 00 时 34°N;b.19 日 12 时 35°N;c.20 日 00 时 37°N;d.20 日 06 时 38°N)

3.4.3　深厚低涡系统加强发展的热动力机制

（1）200 hPa 高空槽系统的演变

前面分析表明,对流层上层高空槽系统先于中下层低涡系统发展,并逐渐与低层气旋耦合发展为近似垂直的深厚低涡系统。因此有必要首先对 200 hPa 的高空槽系统发展演变机制进行分析。18—20 日 45°～50°N(新疆北部)200 hPa 有冷空气东移,其冷中心(−56 ℃)范围于 18—19 日明显扩大,(38°～45°N,100°～105°E)区域存在明显的冷平流,19—20 日 200 hPa 高空槽在 110°E 附近明显加深发展并切断出低涡系统且维持超过 24 h(图 3.22)。由冷、暖平流的垂直分布(图 3.23a)可以看出,19 日 00 时该高空槽前后的冷、暖平流在 200～300 hPa 达到最强,也就是说强烈发展的斜压动力学过程是对流层上层高空槽早期加深发展的主要动力学机制。随着高空槽的加深发展,20 日 02 时,槽区附近出现了正涡度的大值区,并且槽前出现正涡度平流的大值中心(4×10^{-9}),与此时的对流层低层 850 hPa 低涡环流中心几乎重叠(图 3.23b)。

对流层上层高空槽在后期向南强烈发展无法完全利用斜压动力学过程来解释。高空槽后 40°N 以南是一个非常强的暖中心(图 3.22 中的暖中心),并且该暖中心伴随着高空槽的加强

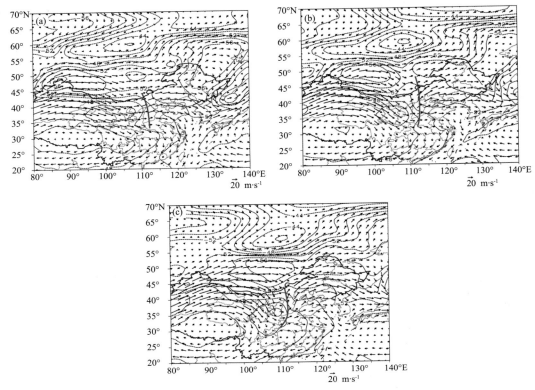

图 3.22 200 hPa 风场和温度场(虚线,单位:℃)

(a.18 日 12 时;b.19 日 00 时;c.19 日 12 时)

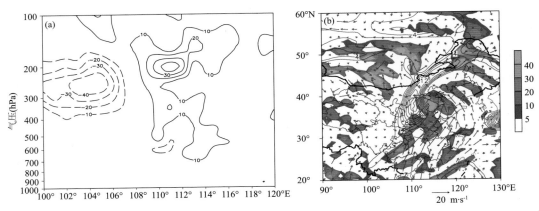

图 3.23 19 日 00 时冷、暖平流沿 38°N 的垂直分布(a)和 19 日 18 时 200 hPa 涡度

(等值线,单位:10^{-5} s^{-1})、正涡度平流(填色,单位:10^{-10} s^{-2})和 850 hPa 低涡环流(风矢量)(b)

而加强(由 18 日 20 时的 -46 ℃到 19 日 20 时增暖至 -44 ℃),并未因西北气流引导的强冷平流而减弱,相反,在高空槽南端逐渐演变为一个较为深厚的"暖槽"。这是如何造成的?从对流

层顶的气压分布(图略)可以看到,43°N 附近纬向区域是平流层与对流层顶的"折叠区",45°N 以北地区的对流层顶在 180~200 hPa,42°N 以南对流层顶约在 100 hPa,对流层上层"暖槽"的 出现是否与较高纬度平流层的暖气团向南侵入对流层有关? 150 hPa 的风场和温度场的配置 (图 3.24)证实了这种猜测,19—20 日,该高空槽系统加强和发展的同时,高纬度平流层的暖舌 逐渐向南伸展,暖气团穿过"折叠区"在陕西和山西上空的对流层上层形成一个异常暖中心。

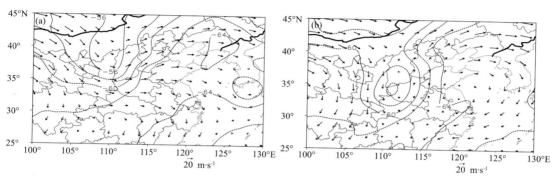

图 3.24　150 hPa 水平风场和温度场(虚线,单位:℃)

(a.19 日 12 时;b.20 日 06 时)

(2)高层位涡异常与低层低涡发展的关系

初始阶段(7 月 18 日),四川东部西南低涡的形成可能与 500 hPa 低槽的发展以及 200 hPa 的南亚高压东侧高空辐散有关,此时高位涡区位于 40°N 以北,地面气旋的中心气压变化不大 (图略);随着对流层高层低槽加深并向南伸展,高纬平流层高位涡沿等熵面向南、向低层运动。 由图 3.25 可见,19 日 06—12 时,200 hPa 高度层上 $PV \geqslant 1$ PVU 的区域向南、向下发展比较 缓慢(对应图中红色实线,6 h 向南推进约 1 个纬距,向下推进约 15 hPa);随后,出现快速向 下、向南发展过程:19 日 12—18 时,$PV \geqslant 1$ PVU 的最低高度由 480 hPa 向下迅速延伸到 650 hPa;19 日 18 时—20 日 00 时,$PV \geqslant 1$ PVU 的区域由 320°N 推进到 290°N。这一加速过 程发生在位涡柱开始上下贯通时(19 日 18 时)及随后 6 h,对应地,20 日 00 时低层 700~ 800 hPa 的位涡加大到 2 PVU,此时,850 hPa 低涡和地面气旋对应的位势高度和气压达到最 低值(表 3.5、图 3.19)。在位涡柱开始上下贯通时(19 日 18 时)低层位涡区的前侧垂直上升 运动显著增强,后侧为下层运动区。

上述低层低涡新生、发展和移动,以及涡柱由倾斜结构演变为近乎直立结构的变化等一系 列特征,利用等熵位涡的思想可以得到解释(寿绍文,2010):在高纬对流层上部的位涡异常区 向南发展过程中,逐渐与位于低空低值区北侧的锋区(对应 19 日 06 时(图 3.25a 右)850 hPa 气旋北侧的等高线密集区)叠加,诱生出一个气旋性环流并向下伸展(19 日 06 时,新生气旋的 中心位于河南西部,见图 3.19)。气旋性环流与中低层锋区的共同作用造成气旋东南侧的暖平

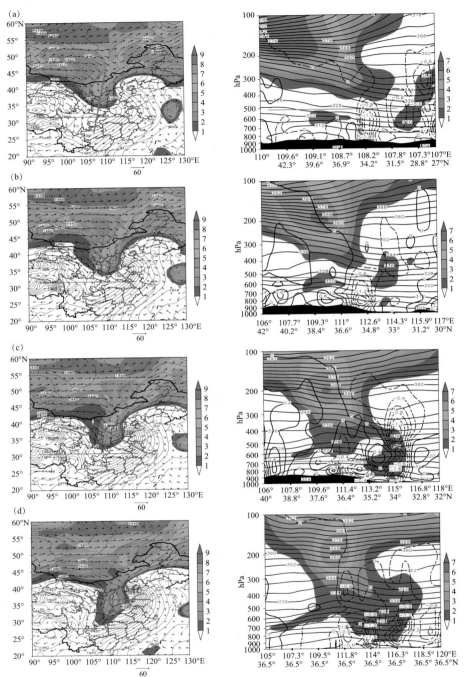

图 3.25　高空位涡(PV)与低层涡旋的发展(a.19 日 06 时, b.19 日 12 时, c.19 日 18 时, d.20 日 00 时; 左图为 200 hPa 位涡(填色, 单位: PVU=10^{-6} m^2 · K · s^{-1} · kg^{-1})和风场(单位: m · s^{-1}), 850 hPa 位势高度(等值线, 单位: gpm); 右图为沿高低空系统中心的 PV(填色, 单位: PVU), 位温(细实线, 单位: K), 垂直速度(粗虚线为<0, 代表上升运动; 粗实线>0, 代表下沉运动, 单位: Pa · s^{-1})剖面, 剖面位置在左图中用黑色实线标示)

流迅速增强——这一过程可以从 19 日 12 时 850 hPa 的温度场与风场分布(图 3.26a)以及 500 hPa 气旋前侧暖脊迅速发展得到印证(图 3.26c)。强烈发展的暖平流不仅造成低空气旋性环流本身的快速发展(对应于 19 日 06—12 时 850 hPa 涡度强度快速增强,图 3.25),而且可能造成暖平流顶端诱发新生气旋性环流——从现象上表现为气旋向东北偏北方向"移动"(图 3.18,本质上是气旋的发展传播过程);这一动力学过程反过来又使高层的气旋性环流加强,造成 200~300 hPa 高度上涡柱在东移过程中不断增强(图 3.21),形成正反馈过程。这一正反馈过程一直延续至高低层的异常区的轴线在同一垂直线上,即由倾斜涡柱演变为垂直涡柱。

(3)低涡系统的热力性质与强降水造成的潜热释放

从不同时期低涡系统的温度场分布可以看到(图 3.26),对流层低层始终表现为明显的斜压涡特征:北侧和西侧的冷空气对应东北风、北风,低涡东部为深厚的暖湿空气对应低空西南风和东南风急流的强烈发展;而在低涡发展的盛期,500 hPa 逐渐演变为近似暖心结构,斜压特征明显减弱。对流层中层为什么出现这种热力学结构的演变?

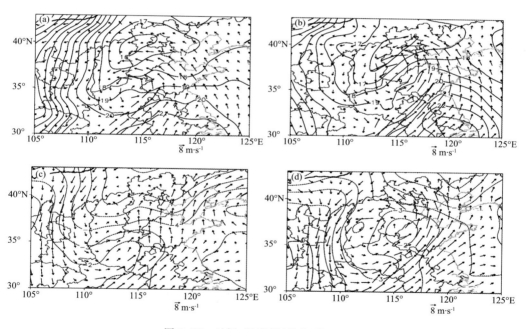

图 3.26　风场、温度场(单位:℃)配置

(a. 19 日 12 时 850 hPa;b. 20 日 00 时 850 hPa;c. 19 日 12 时 500 hPa;d. 20 日 00 时 500 hPa)

从前面的分析可以看到,伴随低涡系统东移北上过程中,华北地区出现了大范围暴雨甚至极端特大暴雨,强降水必然产生强烈的潜热释放。过去的研究已经表明,这种强烈的非绝热加热作用有利于气旋式涡度的发展(孙淑清 等,1986;张杰英 等,1987),而且在大多数情形下,它对垂直涡度发展的贡献甚至比位涡水平分量(PV2)更大,起着主导作用(郑永骏 等,2013)。

从温度场的角度来看,实际降水强度的不均匀性将改变对流层中层的温度分布状况,由于潜热释放造成的增温作用主要发生在对流层中层,最终造成对流层低层与中层气温分布出现不同的演变趋势。

这次暴雨天气过程,既包含大尺度降水过程,也包含中尺度对流降水过程。利用实际观测资料完全区分两者造成的潜热估算是比较困难的。分别利用大尺度垂直运动、地面降水观测资料估算大尺度凝结潜热和总潜热的分布。

$$H_{es} = -\frac{1}{c_p \frac{T}{\theta}} L\omega \frac{\partial q_s}{\partial p} \tag{3.1}$$

式中,H_{es} 为大尺度垂直运动释放的凝结潜热;q_s 为饱和比湿;ω 为垂直速度;T 为温度;θ 为位温;p 为气压;c_p 为比定压热容。

$$H_{\alpha} = R \cdot L \cdot g/(p_B - p_T) \tag{3.2}$$

式中,H_{α} 为地面总降水估算的凝结潜热;R 为降水量;$L = 2.5 \times 10^6 \ \mathrm{m^2 \cdot s^{-2}}$;$g$ 为重力加速度;p_B、p_T 分别为云底、云顶高度,由对应时刻的实际探空确定。

为了便于比较,本章对饱和大气厚度层内的大尺度凝结潜热(H_{es})进行垂直积分,由式(3.1)可知,其分布特征与大尺度垂直运动一致;计算总降水潜热(H_{α})时,用某一时刻前 6 h 地面观测资料的平均降水量,其分布特征显然与地面降水完全一致。估算结果表明,潜热释放对大气的加热效应是非常显著的(图 3.27),其中,20 日 08 时之前,由地面降水资料估算的潜热中心最大值约为大尺度潜热的 3 倍左右,这与梅雨锋上对流降水与大尺度降水的潜热估算对比的结果类似(岳彩军 等,2002),表明这一阶段的降水过程存在较为强烈的对流活动;20 日 08 时之后(14 时、20 时),地面降水资料估算的潜热与大尺度潜热在空间分布上几乎完全重叠,在数值大小上非常接近(图略),表明这一阶段的降水主要以大尺度降水为主。

19 日 12 时,在河北西南部至河南北部、河南南部存在潜热中心,由于存在强烈的对流活动,地面降水资料估算的潜热中心与大尺度潜热中心并不完全重合,前者局地性更强。总体而言,凝结潜热分布与 500 hPa 温度脊(图 3.26c)具有很好的对应关系,从各层的大尺度潜热分布可以看到(图略),最大的潜热释放层位于 500~600 hPa,这表明,伴随强降水过程的开始,对流层中层暖平流的进一步增强可能与潜热加热过程有关,造成对流层低层气旋涡度在该期间的快速增强(图 3.20)。而随着降水向北推进,20 日 00 时潜热中心位于河北省的东南部,强度达到本次降水过程的最大值,对应大尺度凝结潜热的加热效率为 24 $\mathrm{m^2 \cdot s^{-2} \cdot h^{-1}}$,由地面降水估算的凝结潜热达到 70 $\mathrm{m^2 \cdot s^{-2} \cdot h^{-1}}$ 以上,正是这一阶段,850 hPa 的低涡及地面的气旋达到最强阶段。

上述分析表明,中低层低涡系统快速发展过程不仅与高低空系统构成的耦合作用有关,同时强降水造成的潜热反馈过程也起到了非常重要的作用，这也是对流层中上层低涡系统热力结构发生改变的主要原因。

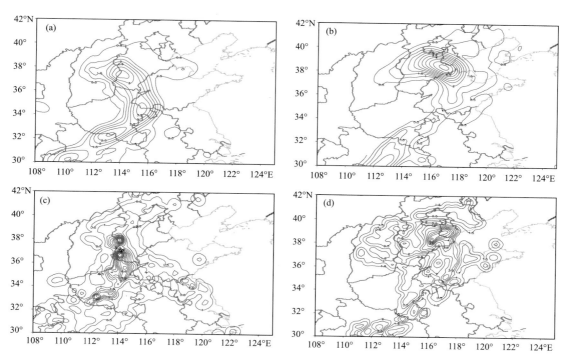

图 3.27　潜热分布（单位：$m^2 \cdot s^{-2} \cdot h^{-1}$）

（a. 19 日 12 时 H_{es}；b. 19 日 06—12 时降水对应的 H_{cc}；c. 20 日 00 时 H_{es}；

d. 19 日 18—20 日 00 时降水对应的 H_{cc}）

3.5　本章小结

本章的目的在于系统性分析华北雨季的基本特征及其动力、热力演变和雨季降水多寡的大气环流差异，研究华北持续性极端暴雨的天气学环流类型，探讨"7·20"华北特大暴雨过程中低涡发展演变机制。

（1）使用 1960—2015 年华北区域气象站的日降水资料对华北雨季特征的分析发现，使用 5 d 滑动平均是一种更合理的、更符合业务应用的华北雨季的定义，统计结果显示，华北雨季的起讫时间常年为 6 月 28 日—8 月 23 日。1960—2015 年的 56 年中，有 2 年的雨季长度不足 20 d，基本不存在明显雨季或者称为空雨季年（1965 和 1997 年），雨季跨度超过 3 个月时间的有 3 年（1980、1987 和 2009 年），其中最长可达 100 d（1987 年）；雨季最早开始于 5 月下旬（1980 和 1991 年），最晚结束于 10 月中旬（2003 年）。

（2）通过对华北持续性强降水的特征进行分析发现，超过一半的持续性区域极端暴雨过程发生在 7 月下旬至 8 月上旬，过程累积最大降水中心的形成主要是由极端降水强度造成而非降水持续时间。华北区域雨季开始和结束的锋区结构存在明显的差异，华北雨季往往表现为以区域性对流降水过程开始，多以典型的锋面降水过程或稳定性降水过程结束。

（3）依据天气学和客观方法将华北 56 次极端暴雨过程归纳为经向型、纬向型、登陆热带气旋型和初夏型 4 类，分别诊断研究其天气学特征和发生发展物理机制表明，由于锋面结构特征、环境大气层结状态以及与低空急流有关的暖湿输送通道和强度不同，造成不同环流特征背景下，日降水量≥50 mm 的高频站点和极端暴雨过程平均累积降水量在空间分布上表现出明显差异。

（4）对"7·20"华北特大暴雨过程中低涡发展演变机制分析表明，华北地区这次强降水过程中低涡系统的演变，不仅与高、低空系统构成的耦合作用有关，同时强降水造成的潜热反馈过程也起到了非常重要的作用，这也是对流层中上层低涡系统热力结构发生改变的主要机制。

持续性高温天气动力统计中期预报方法

持续性高温酷暑天气会对人们日常生活和工农业生产产生重大的影响,尤其是对人体健康、交通、用水用电、农作物生长等方面的影响更为严重(McGregor et al.,2005;丁一汇,2008)。自 20 世纪 50 年代以来,全球高温事件就处于增多的趋势(Yan et al.,2002;Peter et al,2003;Zhai et al.,2003;Zhou et al.,2011;Christoph et al.,2004;Luterbacher et al.,2004;Robine et al.,2008;Coumou et al.,2012)。在中国,西北和南方地区是两个高温频发中心,每年达到 35℃以上的高温日数超过 5 d(Ding et al.,2010;孙建奇 等,2011),其中,高温事件在南方发生比西北地区更为频繁(王会军 等,2003),并且 20 世纪 90 年代以来增速尤为突出(Ding et al.,2010;Wang et al.,2014;Ding et al.,2015),南方因为经济发达、人口密度大,高温事件造成的社会影响和经济损失更为严重(葛美玲 等,2009)。

研究表明,加强西伸的西太平洋副热带高压(western Pacific subtropical high,简称 WP-SH)是造成中国南方高温天气的直接原因(杨辉 等,2005;林建 等,2005;张宇 等,2014;唐恬 等,2014;Ding et al.,2015;彭京备 等,2016)。在 WPSH 加强西伸的同时,对流层上部南亚高压(south Asia high,简称 SAH)同步加强且向东扩展(陶诗言 等,1964;丁华君 等,2007;张英华,2015;Zhang et al.,2016)。高温天气期间,中高纬度 500～200 hPa 配合东风盛行(Li et al.,2015),北极极涡偏强且中心位置偏向西半球(孙建奇,2014;张宇 等,2014;彭京备 等,2016)。WPSH 加强西伸,被认为与前冬厄尔尼诺(El Niño)事件和随后春季印度洋海面温度(SST)整体偏暖的强迫有关(林建 等,2005;丁华君 等,2007;隋翠娟 等,2014;Annamalai et al.,2005;Xie et al.,2009);此外,北大西洋中部暖海温通过遥相关波列作用于东亚高空西风急流和 WPSH,进而导致高温事件发生(孙建奇,2014)。南半球环流系统异常也影响着我国夏季风环流系统(薛峰 等,2003;高辉 等,2006;范可,2006;Zhu,2012;明镜 等,2015;李琛 等,2016)。

1980 年以来观测到的 El Niño 年次年,多数年份我国江南型高温是非常典型的,但也有例外,如 2005、2010 和 2016 年发生的是江淮型高温,1995 和 2015 年夏季甚至出现南方大范围气温偏低的现象。因此,除了热带太平洋,仍需关注其他海区的热力作用或者其他外强迫因子带来的可能影响,例如热带印度洋偶极子(袁媛 等,2017)、El Niño 不同分布类型(张英华,2015)、青藏高原热力异常(周强,2011)等。

鉴于 21 世纪以来,我国南、北方气候都处于偏暖期,持续高温天气频繁发生,因此,十分有必要在业务技术方面加强对持续性高温天气的监测和预报研究开发,尤其是加强持续性高温天气的中期预测业务更具可行性和社会服务价值。

4.1 资料和方法

4.1.1 资料

本章主要使用的数据包括:中国气象局国家气象信息中心提供的自 1961 年以来的中国地面 2000 多个气象观测站点逐日最高、最低和日平均气温数据;美国 NCEP/NCAR 逐日 2.5°×2.5°经纬度水平分辨率全球格点再分析数据,包括各垂直气压层位势高度、气温,以及 850 hPa 和 500 hPa 风场(Kalnay et al.,1996;Kistler et al.,2001);英国 Hadley 中心月平均海温数据(HadISST),水平分辨率为 1°×1°经纬度 (Rayner et al.,2003);美国 CFSv2 模式(Saha et al.,2014)和国家气候中心 DERF2.0 模式(何慧根 等,2014)对未来延伸期 10～40 d 逐日气温格点预测数据。逐日 MJO(Madden and Julian Osciclation,热带季节内振荡)指数数据使用澳大利亚气象局提供的数据(http://www.bom.gov.au/climate/mjo/graphics/ rmm.74toRealtime.txt)。本章涉及的夏季副高特征指数包括强度、北界和西伸脊点,数据使用刘芸芸等(2012)用 NCEP/NCAR 再分析数据重建的月副高指数,与 74 项环流指数中的副高指数相比,该副高指数具有源数据空间水平分辨率高、与我国东部夏季风地区降水量关系更为密切、刻画实际副高气候变化特征更为客观等优点。

4.1.2 方法

主要方法包括统计分析、物理量动力诊断和动力模式释用方法。使用经验正交分解方法(EOF)对高温天气过程的时间空间序列进行分型;使用相关、回归等统计方法和波通量变化等物理动力过程分析高温过程发生频次、范围与天气、气候影响因子(海表温度、大气环流等)之间的内在联系;利用大气系统(越赤道流、副热带高压等夏季风系统及中高纬度遥相关波列等)

的天气、气候变化原理,揭示高温过程的中期天气和短期气候成因机制;利用数值模式预报建立高温天气的中期(1～10 d)和延伸期(11～30 d)预报方法。

同时考虑日最高气温和日最低气温,采用相对定义和绝对定义两个标准定义单站高温天气过程,即日最高气温、日最低气温都超过对应第 80 百分位,同时连续 3 d 以上日最高气温超过 35 ℃(或 33 ℃)。

某一区域(如省)内 33％以上的气象观测站点连续 3 d 以上日最高气温超过 35 ℃(或 33 ℃),则定义为区域高温天气过程。

分析涉及中高纬度阻高环流形势包括乌拉尔山(50°～70°N、40°～70°E)(李双林 等,2001)、贝加尔湖(50°～60°N、80°～110°E)和鄂霍次克海(50°～60°N、120°～150°E)阻高,夏季(6—8 月平均)500 hPa 高度场阻高区域平均的标准化值(赵振国,1999)为夏季阻高指数。

4.2　高温天气的时空特征及其气候变化成因

依据高温事件标准,整理了全国 534 个代表站近几十年的高温事件资料,并甄别了高温事件中的干热浪事件和湿热浪事件。选取 1951—2013 年均一化逐日资料缺测不超过 1％的 534 个站,确定单站热浪事件的阈值以定义热浪事件,完成中国单站给出持续高温天气过程的客观、定量的判识标准。根据高温过程平均湿度(60％)将其分成"干热"和"湿热"两类。全国热浪年平均频次的空间分布(次/年)表明(图 4.1),新疆北部地区属于干热浪发生区(图 4.1b),我国东南部属于湿热浪发生区(图 4.1a),黄淮到华北部分地区属于干、湿热浪混合发生区(图 4.1b),新疆高温日的最高频次出现在第 40 候,而华东地区最高频次出现在第 41 候。全国其余地区包括东北部和西南地区几乎没有干热浪和湿热浪事件发生。可以看出,在全国而言,长江中下游一带湿高温日数最多,新疆北部地区高温频次和干高温日数均为最多。

使用 1961—2016 年 5—9 月 2000 多个测站逐日最高气温,分析全国各省(区、市)33％以上站点日最高气温持续 3 d 以上大于或等于 35℃的高温事件频次,结果表明,近 56 年来,在东南各省(区、市)高温天气有增多趋势(图 4.2a),在北方各省(区、市)则无明显变化趋势(图 4.2b);类似的但持续 10 d 以上的高温事件在南、北方均无明显变化趋势(图略)。

关于我国高温天气几十年气候变化的成因,全球变暖背景有很大关系,基于观测的研究表明(Coumou et al.,2012),最近 40 年来,由于北极快速升温,减弱了向极地的温度梯度,从而致使北半球夏季中纬度环流系统减弱,显著的几个变化特征表现为,纬向风速明显减弱、天气尺度涡动动能减弱、Rossby 快波振幅减弱以及热成风减弱等,其中中纬度天气尺度涡旋动能偏低,是我国乃至北半球高温天气增多的直接动力原因。分析表明(邢峰 等,2018),近 60 年

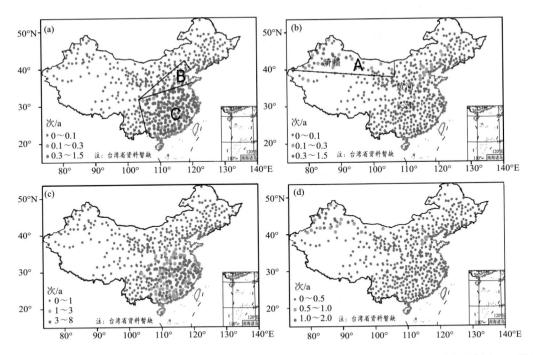

图 4.1 1951—2013 年中国高温天气过程年平均发生频次和日数(a. 湿高温频次;b. 干高温频次;c. 湿高温日数;d. 干高温日数;图中 A、B 和 C 分别代表中国西北、北方和东南 3 个高温区域)

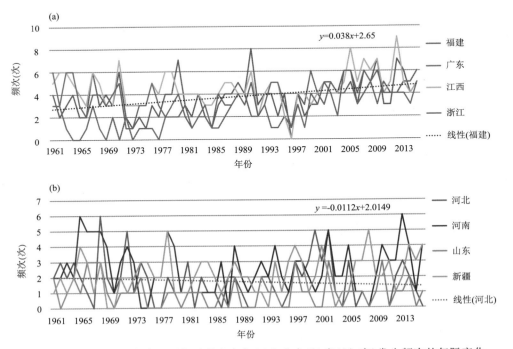

图 4.2 1961—2016 年高温天气过程在南方(a)和北方(b)省(区、市)发生频次的年际变化

来,全球变暖背景下,影响我国夏季气候的环流系统发生了显著变化。图 4.3 是 1958—2015 年夏季 6—8 月亚太地区不同年代 500 hPa 高度距平场空间分布,可以看出,在 1958—1975 年,夏季欧亚中高纬度从乌拉尔山至贝加尔湖再到鄂霍次克海一带及其以南的地区由负高度距平控制(通过 Monte Carlo 检验 95% 置信水平),较低纬度西北太平洋副高较弱,我国大部上空对流层中层为低压(图 4.3a),表明大气容易产生较强的对流运动,天气尺度涡动动能较强,高压高温天气较少。1976—1995 年,500 hPa 高度距平场中(图 4.3b),乌拉尔山及其东侧为正高度距平,贝加尔湖至鄂霍次克海一带为负高度距平控制,我国大部处在中高纬度高压脊前东南侧高空槽底部,同时,东亚副热带高压面积偏大、强度偏强、位置偏西,有利于我国南方高温天气增多。在最近 20 年(1996—2015 年),与前两个时段形势完全不同,500 hPa 高度距平场中(图 4.3c),欧亚中高纬度里海、贝加尔湖、鄂霍次克海分别是高度异常偏高的 3 个中心地带,正高度距平控制着这 3 个中心一带及其以南的中低纬度地区,东亚副热带高压进一步加强西伸,且大部地区正高度距平通过统计显著性检验 95% 置信水平,表明我国北方中纬度西风带减弱,像前两个时期一样强的北方冷空气条件不存在了,我国大部地区主要受层结稳定的高

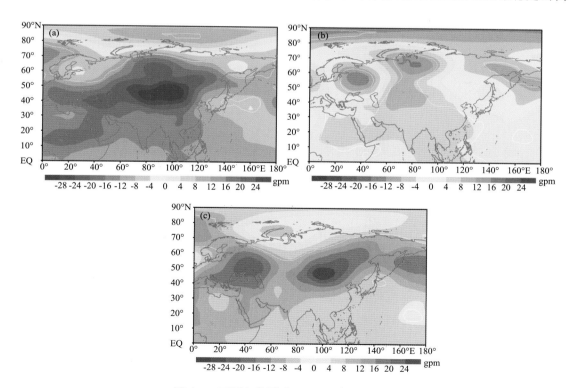

图 4.3　不同年代夏季 500 hPa 高度场距平

(a. 1958—1975 年平均;b. 1976—1995 年平均;c. 1996—2015 年平均;气候值为 1958—2015 年平均;

彩色阴影区表示高度场距平,细白色等值线包围区域表示合成通过 Monte Carlo 检验 95% 置信水平)

压下沉气流控制,有利于持续高温天气增多。因此,近20多年来,夏季欧亚中高纬度等压面升高、西风带减弱,乌拉尔山高压偏弱,而里海至贝加尔湖再到东北亚一带高度场一致偏高,中纬度一带西风带强度和冷空气势力均较弱,是我国高温天气频发的主要气候成因之一(董敏 等,1999;邢峰 等,2018)。

表4.1是夏季影响我国气候的几个重要环流系统的年际线性变化趋势(邢峰 等,2018),可以看出,最近58年(1958—2015年),中高纬度环流系统高度场显著性升高,表明欧亚中高纬度环流经向度减弱,影响我国的冷空气势力减弱,同时,最近20年,WPSH显著性增强、西伸脊点偏西,WPSH的年代际变化也使得我国中东部地区持续性高温天气增多。

表 4.1　夏季阻高和 WPSH(副高)指数年际线性变化趋势

	1958—2015 年	1958—1975 年	1976—1995 年	1996—2015 年
乌拉尔山阻高	0.27**	1.58**	0.21	−0.32
贝加尔湖阻高	0.52**	2.29**	0.00	−0.07
鄂霍次克海阻高	0.30**	1.39**	0.78*	−0.57
副高强度	2.82**	−1.04	1.47	5.83**
副高北界	−0.01	0.04	−0.02	0.05
副高西伸脊点	−0.45	0.37	−0.38	−0.59*

注:阻高趋势单位为 m·a^{-1};副高强度、北界和西伸脊点趋势单位分别为无单位、°N·a^{-1} 和°E·a^{-1};右上角星号 ** 和 * 分别表示通过95%和90%置信水平的 Monte Carlo 显著性统计检验

4.3　高温天气的异常海温背景

研究表明,ENSO、热带印度洋海面温度以及大西洋海面温度等的年际变化对我国夏季气候有重要影响(Xie et al.,2009;Zhan et al.,2011;Han et al.,2016;Zuo et al.,2019),全球变暖背景下,这些海域 SST 异常型态发生了变化,例如中部型 ENSO 事件增多,热源强迫向西偏移,SST 异常影响的热带西太平洋气旋/反气旋、热带对流异常乃至西太平洋副高的年际变化都会发生变化。

以下分析了夏季我国单站日最高气温超过35℃的高温日数与海温异常的年际关系(变量均去掉线性趋势,聂羽 等,2018)。图4.4和图4.5分别给出了东南地区(20°~30°N、105°~125°E)和新疆地区(35°~48°N、72°~96°E)热浪持续时间经验正交分解的前两个空间模态和对应的时间系数。从图4.4可以看到,东南地区高温热浪的前两个空间模态可以解释东南地区气温变率的59%。其中,第一模态的解释方差高达46%,空间模态表征全区一致的变化;第二模态的解释方差为13%,空间模态表征南北反向的变化。新疆地区高温热浪持续日数 EOF

前两个模态的解释方差可以达到 49%(图 4.5),其中,第一模态表征新疆全区一致的变化,大致中心位于新疆东部地区,解释方差为 35%;第二模态为东西反位相的变化,解释方差为 14%。

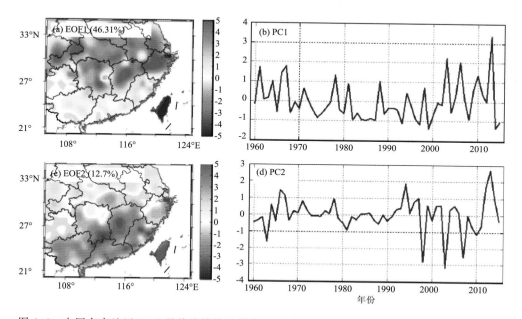

图 4.4 中国东南地区 6—8 月热浪持续日数的 EOF 第一模态(a)和第二模态(c),(b)对应第一模态 PC1,(d)对应第二模态 PC2(单位:d)

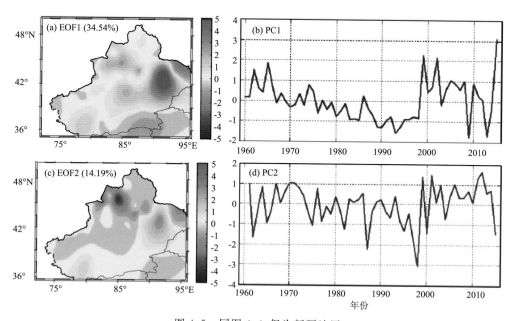

图 4.5 同图 4.4,但为新疆地区

图 4.6 是同期 6—8 月和前期 3—5 月海表温度距平分别对东南地区热浪持续日数 EOF 第一模态回归场。其表明同期海温呈拉尼娜状态时,东南地区高温天气易偏多(图 4.6a)。而在前期春季 3—5 月,如图 4.6b 所示,造成我国东南地区热浪增多的原因可能来自赤道印度洋地区的一致性偏暖。已有的理论研究指出,前期印度洋维持暖水,致使高层的高压增强,并由该区盛行的西风向东输送,有利于副高的加强西伸(黄刚 等,2016)。这样副高的东侧不断补充加强,西侧又有印度洋高气压的不断并入,于是副高被锁定在我国南方地区,并且强度不断增强,从而导致我国东南地区高温天气频发。

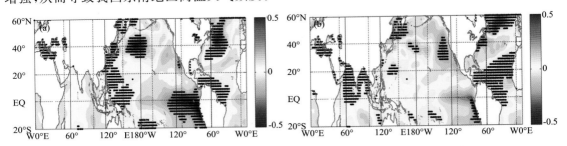

图 4.6　6—8 月(a)和前期 3—5 月(b)海面温度距平对东南地区热浪持续日数第一模态的回归场
(单位:℃,打点区为通过 0.05 的显著性水平检验的区域)

类似地,图 4.7 是海面温度距平对新疆地区热浪持续日数 EOF 第一模态的回归场。可以看出,北太平洋中部、北大西洋、里海、黑海的海温偏暖对应于新疆地区高温热浪的一致型模态(图 4.7a)。在前期 3—5 月(图 4.7b),这种信号就已经显现出来了。因此,北半球中纬度地区下垫面的一致偏暖,造成了相当正压结构的高压笼罩在新疆地区上空,从而导致新疆的高温热浪。

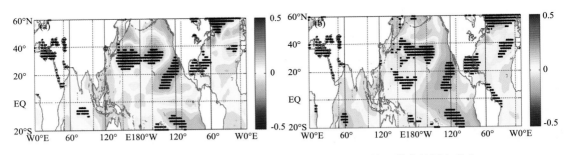

图 4.7　同图 4.6,但为海温对新疆地区热浪持续日数第一模态的回归分布

4.4　南方高温天气的中期天气与短期气候成因

2016 年,被世界气象组织(WMO)确认为有记录以来最热的一年。在中国,夏季平均气温

创自 1951 年以来最高纪录,从 7 月下旬到 8 月上旬,一次持续性、大范围的高温天气发生在中国南方,有 1075 个站日最高气温超过 35 ℃,有 718 个市、县日最高气温大于 35 ℃ 的连续日数超过 10 d,日最高气温超过 35 ℃ 站点数最多的时段集中在 7 月 20 日至 8 月 2 日,其中 90% 的站点分布在 110°E 以东、黄淮南部至华南北部之间的地区,高温核心区域超过 50% 的站点遭受了日最高气温 38 ℃ 以上的高温天气,个别站点日最高气温达到 41.1 ℃,除了中国南方(长江中下游及其以南地区),中国西北地区也发生了持续 20 d 左右的高温天气(图 4.8)(Ding et al.,2018)。

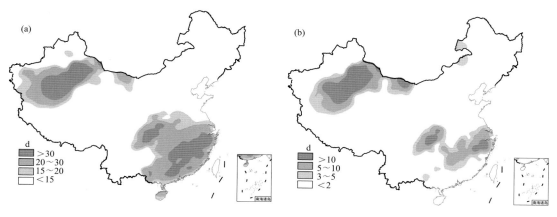

图 4.8 2016 年夏季 6—8 月全国高温天数分布

(a. 日最高气温>35 ℃;b. 日最高气温>38 ℃)

2016 年是 2014—2016 年超强厄尔尼诺事件衰减年,超强厄尔尼诺事件的峰值发生在 2015/2016 年冬季,到 2016 年春夏季,超强厄尔尼诺迅速衰减消亡,但热带印度洋作为厄尔尼诺的"充电器",在厄尔尼诺衰减消亡期间还延续了其对东亚气候的影响(Wu et al.,2004;Annamalai et al.,2005;Yang et al.,2007;Xie et al.,2009),2016 年热带印度洋海盆一致偏暖指数(IOBW)达到 1951 年以来最强,其对 WPSH 有加强作用,并强迫出 Gill 型环流响应——对流层上部加强的南亚高压(Li et al.,2008),2016 年 6 月 19 日—7 月 19 日,江淮正值梅雨期,WPSH 较常年面积偏大、西伸脊点较常年气候值(1981—2010 年平均)偏西 11 个经度,高层 SAH 也较常年面积偏大、位置较常年偏东约 10 个经度,中国东南部低层受孟加拉湾西南季风和西太平洋东南季风影响(Tao et al.,1987),且偏南季风北上截止在江淮至江南地区,此时江淮江南梅雨盛行,气温偏低(图 4.9a)。2016 年 7 月 20 日—8 月 2 日,WPSH 向西向北移动,覆盖控制了江淮至江南地区,同时 SAH 也向东延伸控制东亚地区,西南季风向北伸展到华北甚至东北地区,江淮一带梅雨结束,受高压下沉气流控制,气温升高,遭遇持续高温天气(图 4.9b)。

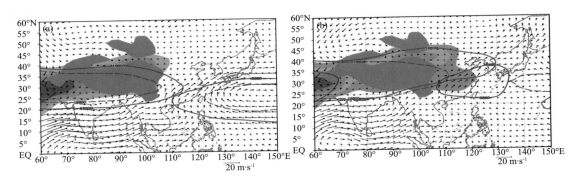

图 4.9　2016 年中国梅雨期(a.6 月 19 日—7 月 19 日)和高温期(b.7 月 20 日—8 月 2 日)

SAH(红线,100 hPa 16800 gpm 等高线)和 WPSH(蓝线,500 hPa 5880 gpm 等高线)

(虚线表示 SAH 和 WPSH 的气候值,箭头表示 850 hPa 风场,彩色阴影区域表示大于 22℃的

850 hPa 气温(间隔 2 ℃)。灰色阴影区为高于 1500 m 的地形)

4.4.1　中期天气成因

热带 MJO 活动与西太平洋副高活动乃至南方高温天气有密切关系(Yuan et al.,2017)。2016 年 8 月,MJO 异常活跃,西太平洋有 25 d 有 MJO 活动,其触发了热带气旋的发生和副高的减弱、东撤,由此南方持续高温天气结束。进一步分析表明,在南方高温期(2016 年 7 月 20 日—8 月 2 日),MJO 在热带印度洋活动,即在 2、3 和 4 位相分别活动了 6 d、5 d 和 3 d,然而在南方高温结束后的 2016 年 8 月 3—16 日的 2 周时间内,有 11 d 西太平洋 MJO 表现活跃,即 MJO 有 11 d 处于第 6 位相。已有的研究揭示 MJO 在热带印度洋(西太平洋)活跃时,可以触发暖池下沉流(上升流),对应副高加强(减弱),这与作者对 2016 年的分析结论一致。

MJO 活动其实体现了热带印度洋天气尺度扰动向东传播的季节内变化现象,由于 MJO 与西太副高活动的密切关联,有必要分析热带季风系统中越赤道气流异常对西太副高的影响。越赤道气流是亚澳季风系统的重要成员,在该季风系统中,有 5 个越赤道气流比较显著,即索马里、孟加拉湾、南中国海、西太平洋以及新几内亚越赤道气流,其中索马里越赤道气流是最强的一支。在 2016 年 7 月 13 日之前,索马里越赤道气流的风速大于 12 m·s⁻¹,之后越赤道气流逐渐减弱,至 7 月下旬到 8 月 2 日,索马里越赤道气流已经减弱到 8 m·s⁻¹;在同一时期,孟加拉湾越赤道气流甚至有更强的减弱现象,在 7 月下旬,甚至由南风转变为北风;南中国海越赤道气流在 7 月中下旬基本保持稳定不变,西太平洋越赤道气流也保持稳定少变但强度很弱。

已有研究表明(高辉 等,2006),在南海季风暴发前,索马里越赤道气流能够加速低纬度(10°~20°N)印度洋西风向东延伸,从而推动东亚大陆的副热带高压东撤到西太平洋暖池,反之,当越赤道气流减弱时,印度洋西风减弱,有利于西太副高加强西伸。2016 年 7 月 16 日之前,印度洋西风均大于 6 m·s⁻¹,但在 7 月 16—28 日,减弱到不足 2 m·s⁻¹,此时刚好对应 WPSH 加强向西伸展,因此南方高温的天气尺度成因是由于索马里和孟加拉湾越赤道气流减弱、印度洋西风减弱导致的 WPSH 加强、西伸造成的。2016 年夏季逐日越赤道气流的经向风速与南方高度场呈负相关,且越赤道气流超前高度场 8～10 d 的负相关达到显著性的最小值;在多年夏季中,低纬度印度洋纬向风速与越赤道气流的相关计算结果也有相同的结论。1981—2017 年夏季,共有 28 个南方高温天气过程,它们的合成结果也表明,越赤道气流在提前 5～15 d 开始减弱后,南方高温天气发生。

因此,基于以上分析,可以得出南方高温天气的中期天气成因机制图像(图 4.10)。在南方高温天气发生前,越赤道气流偏强,南亚高压偏西而西太平洋副高偏东,江淮梅雨盛行(图 4.10a),高温天气发生前 10 d 左右,首先是索马里和孟加拉湾越赤道气流减弱,随后热带印度洋西风减弱、江南梅雨终止,接着南亚高压东进、西太平洋副高加强西伸,进而南方高温天气发生(图 4.10b)。进一步对 1981—2017 年夏季南方高温天气进行分析,表明上述的中期天气机制普遍存在于南方高温天气过程中(Ding et al.,2018)。

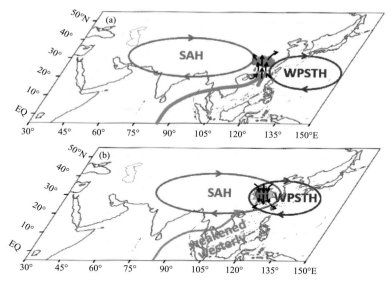

图 4.10　南方高温发生前夕(a)和发生期间(b)环流系统变化机制示意图

4.4.2　短期气候成因

袁媛等(2018)和 Ding 等(2018)分析了我国南方盛夏气温异常的主导模态及其所对应的关键环流系统和可能的海洋外强迫信号,对我国东部 40°N 以南地区(110°E 以东、40°N 以南共 64 站)站点的气温进行 EOF 分析,结果表明:我国南方盛夏气温偏高有两种不同的分布模态,EOF 第一模态是以江淮地区为中心的江淮型高温(图 4.11a),解释方差占 53.2%,其对应的时间序列(PC1)表现出明显的线性增长趋势,20 世纪 90 年代以后气温显著偏高,而之前偏低(图 4.11c)。EOF 第二模态是以江南和华南为中心的江南型高温(图 4.11b),解释方差占20.95%,其对应的时间序列(PC2)主要以年际变化为主(图 4.11d)。

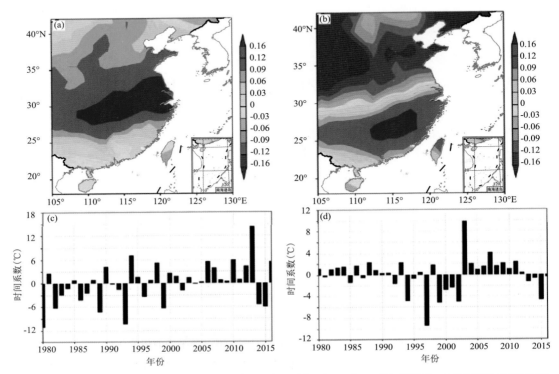

图 4.11 1980—2016 年中国东部(40°N 以南,110°E 以东)地区(共 64 站)盛夏(7—8 月)气温 EOF 分解
(a. EOF 第一模态;b. EOF 第二模态;c. EOF 第一模态对应的时间序列;d. EOF 第二模态对应的时间序列)

4.4.2.1 江淮型高温——海温异常 Gill-Matsuno 型强迫

前述 EOF 第一模态(代表江淮高温)的时间系数与同期盛夏 500 hPa 高度场和风场的相关表明,导致江淮高温的直接环流影响因子是东亚高度场偏高、东亚副热带西风急流偏弱(图略)。东亚区域(30°~40°N,110°~130°E)500 hPa 高度场与江淮型高温模态呈显著性正相关,因此,定义该区域平均的高度场距平为指数 H500EA,盛夏 H500EA 指数与同期对流活动(OLR)的线性相关分布显示:西北太平洋为显著负相关区,而东亚东部为显著正相关区(图4.12a),表明西北太平洋对流活动偏强易导致东亚东部 500 hPa 高度场偏高。定义西北太平洋区域平均(图 4.12a 中黑色方框)的 OLR 距平指数为 OLRWP 指数,其与东亚(110°~120°E平均)垂直经向环流的显著相关显示:当西北太平洋对流活动偏强时,会激发局地异常上升运动,并通过垂直经向环流导致异常下沉运动,控制江淮地区(30°~35°N)(图 4.12b),并使得该

地区 500 hPa 高度场偏高,受异常反气旋环流控制。

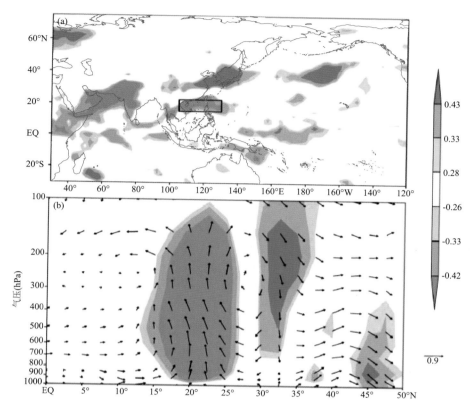

图 4.12　1980—2013 年 H500EA 指数与同期 OLR 距平场的相关分布

(a,黑色方框表示 OLRWP 指数的定义范围 15°～22.5°N,105°～130°E)和 OLRWP 指数与

110°～120°E 平均经向垂直环流的相关分布(b,阴影区表示垂直速度的相关分布)

阴影区由浅到深分别为相关系数通过 90%、95%、99% 的置信水平

　　而与 OLRWP 指数显著相关的海温距平场显示:当西北太平洋对流活动偏强时,对应热带印度洋大部和赤道东太平洋海温偏低,而西北太平洋海温偏高,这一特征在 5—6 月最为显著并持续到盛夏,并且热带印度洋西部的负相关系数的绝对值最大(图 4.13a)。为此,定义上述三个关键区 5—6 月平均的海温距平指数,分别是西印度洋指数(WI)、西太平洋指数(WP)和 Ninō3 指数。同时考虑热带印度洋至东太平洋海温"—＋—"分布的不同海温模态配置的可能影响,分别计算西太平洋暖海温与西印度洋冷海温的差值指数(WP－WI)、太平洋东西海温差指数(WP－Ninō3)以及西印度洋至东太平洋海温综合模态指数[WP－(Ninō3＋WI)/2.0]。对比以上所有海温指数与 OLRWP 的相关系数(表略),可以看出它们都能通过至少 90% 的置信水平,但 WP－WI 与 OLRWP 相关系数的绝对值最大,表明西太平洋海温偏暖与西印度洋海温偏冷的差值梯度对西北太平洋对流偏强的影响最显著。这

一海温差指数与 850 hPa 风场及 OLR 距平场的相关分布也显示:当海温指数为正值时,西北太平洋对流活动偏强,同时对流层低层为异常气旋性环流;而江淮地区对流活动受抑制时,其以北地区为异常反气旋性环流(图 4.13b)。这表明,当西印度洋偏冷而西太平洋偏暖时,海温东西梯度会在热带印度洋东部至西太平洋激发低层西风距平,并通过 Gill-Matsuno 响应(Matsuno,1966;Gill,1980)激发异常气旋性环流控制西北太平洋上空,导致该地区对流活动增强。而西北太平洋偏强的对流活动则通过前面分析的垂直经向环流进一步使得东亚东部 500 hPa 高度场偏高,异常下沉运动控制江淮地区,从而导致该地区盛夏气温易偏高。

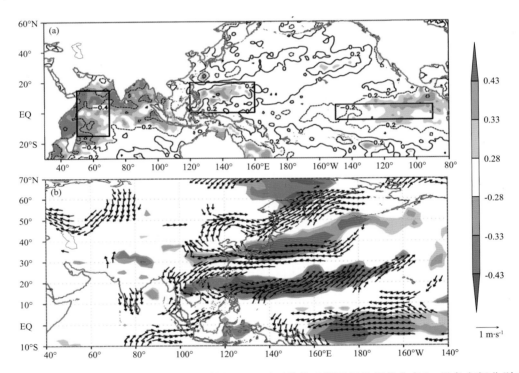

图 4.13　1980—2013 年盛夏 OLRWP 指数与 5—6 月平均海温距平场的相关分布(a,黑色方框分别表示西印度洋海温指数(15°S~15°N,50°~70°E)、西太平洋海温指数(0°~20°N,120°~160°E)和 Niño3 指数(5°S~5°N,90°~150°W)的定义范围)和 1980—2013 年 5—6 月平均 WP—WI 指数与盛夏 850 hPa 风场(矢量)和 OLR(阴影区)的相关分布(b)(风场相关为通过 95% 置信水平的纬向风或经向风,阴影区由浅到深分别为相关系数通过 90%、95%、99% 的置信水平)

4.4.2.2　江南型高温——印度洋海温异常与前期 El Niño 共同强迫

定义盛夏中国东南部(20°~32.5°N,100°~130°E)区域平均 500 hPa 高度场距平指数为 H500SEC,该指数与前期冬季至同期盛夏海温的相关分布显示(图 4.14):前冬至春季,热带印

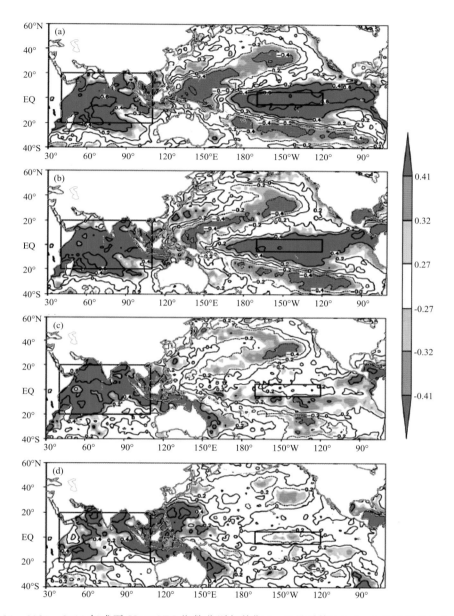

图 4.14　1980—2016 年盛夏 H500SEC 指数分别与前期 1—2 月平均(a)、3—4 月平均(b)、5—6 月平均(c)和同期 7—8 月平均(d)海温距平场的相关分布(阴影区表示相关系数通过 90%、95%、99%的置信水平,黑色方框表示 IOBW 指数(20°S～20°N,40°～110°E)和 Ninõ3.4 指数(5°S～5°N,120°～170°W)的定义范围)

度洋和中东太平洋海温呈显著正相关,表明当前冬发生 El Nino 事件并且前冬至春季热带印度洋一致偏暖时,有利于盛夏西太副高偏强、偏西,长江以南大部受副高控制,气温易偏高。同时也注意到,春季后期至盛夏,赤道中东太平洋正相关逐渐减弱,并转为弱的负相关,而热带印度洋大部显著的正相关区基本维持,仅在盛夏有所减弱(图 4.14d)。定义两个关键区海温指数:热带印度洋全区一致模态指数(IOBW)和 Niño3.4 指数,对比前冬至盛夏这两个指数分别与盛夏 H500SEC 指数的相关系数得出,Niño3.4 与 H500SEC 指数的相关逐渐减弱,由前冬显著的正相关逐渐转为盛夏弱的负相关关系,而 IOBW 与 H500SEC 指数的正相关从前冬一直持续到盛夏,并一致维持超过 99% 的置信水平。这表明,尽管前冬 El Niño 事件的发生对盛夏西太副高的偏强有显著影响,但热带印度洋全区一致增暖的影响更为显著和持续,这与已有研究中强调热带印度洋海温对西太副高影响的结论一致(Xie et al.,2009;袁媛 等,2017)。

为排除 El Niño 的可能作用,分别计算 5—6 月平均 IOBW 指数与盛夏 500 hPa 高度场和 850 hPa 风场的相关,发现热带地区大部高度场与指数呈显著正相关,相关系数通过 99% 的置信水平,同时西北太平洋低层为异常反气旋环流。这表明当前期热带印度洋一致偏暖时,盛夏 500 hPa 高度场易偏高,西太副高偏强、偏西,副高西段控制我国长江以南大部,同时对流层低层为异常反气旋环流,异常西南风平流也阻碍了北方冷空气的影响,共同导致江南大部气温偏高。

如图 4.15 所示,影响江淮型高温的关键环流系统是高低空正压结构的高度场正距平和偏弱的东亚副热带西风急流。而影响这两个关键环流系统的海洋外强迫因子包括热带印度洋至东太平洋的"—+—"海温异常分布型及北大西洋中纬度的暖海温异常。2016 年盛夏江淮型高温的大气环流和海温异常均表现出典型江淮型高温年的特征,更好地证明了统计分析的结论。

而江南型高温的关键环流系统主要是加强西伸的西太平洋副热带高压。其海洋外强迫因子包括前冬赤道中东太平洋的暖海温异常和春季—盛夏热带印度洋全区一致型暖海温异常,其中热带印度洋海温的影响更为持续和显著。

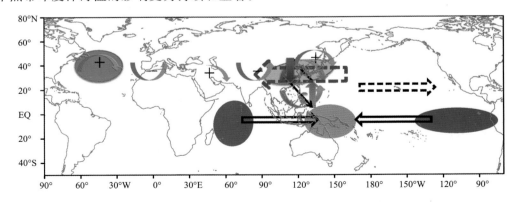

图 4.15　海温外强迫因子影响盛夏江淮型高温的物理机制示意图(粉、蓝阴影区分别表示海温偏暖、偏冷;实线、虚线箭头分别表示低空、高空纬向风距平;A、C 分别表示对流层低层异常反气旋、气旋流;"+—+—+"表示 200 hPa 高度场距平遥相关波列;黄色阴影区表示盛夏高温)

4.5 北方高温天气的中期天气与短期气候成因

Ding 等(2019a，2019b)分析了北方高温天气的天气与气候背景成因。2018 年夏季全国平均日最高气温、日平均气温和日最低气温均达到自 1961 年以来的最高值(图 4.16)。1961—1990 年，一个显著的年代际变化特征是，除了个别年份外，几乎所有年份夏季日最高、日平均及日最低气温均小于气候平均值，其中只有日最低气温在此期间有上升趋势，而日最高和日平均气温仅有年际变化特征。然而，在 1990 年以后，这三种日气温均显示出显著的上升趋势(图 4.16)，这种上升趋势迟于中国冬季气温的上升趋势(任国玉 等，2005)，但同步于全球增暖(Blunden et al.，2018)。夏季气温除了有年代际变化特征外，在 1990 年以后，还显示出更大的年际变化振幅。1961—1990 年，日最高、平均和最低气温最大年际差分别是 1.62、1.50 和 1.51 ℃，均方根分别是 0.31、0.28 和 0.31；但迥异的是 1991—2018 年，对应 3 个气温变量的最大年际差分别是 1.91、1.78 和 2.21 ℃，均方根分别是 0.47、0.44 和 0.50。在 2018 年夏季，全国平均的日最高气温达到 27.9 ℃，与 2006 年夏季并列 1961 年以来最高；2018 年夏季日平均气温和最低气温分别为 21.9 ℃ 和 17.2 ℃，均列为 1961 年以来最高。

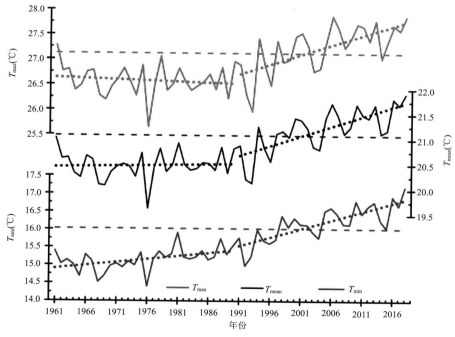

图 4.16　1961—2018 年夏季中国平均日最高(T_{max})、日平均(T_{mean})和日最低气温(T_{min})逐年变化(虚线为气候平均值，点线分别为 1961—1990 年和 1991—2018 年的线性趋势)

4.5.1 中期天气成因

20 世纪 90 年代以来，华北持续性高温天气并不少见（李小峰，2015），如 1997、1999 和 2009 年夏季；2018 年夏季，黄淮到华北地区更是发生了极端持续高温天气，7 月 11 日—8 月 15 日，上述地区气温较常年同期持续偏高 1 ℃以上；而整个夏季，南方地区由于阴雨寡照，气温却接近常年或略偏低。图 4.17 是标准化的全国夏季日平均气温分布，在长江以北的夏季风区域，除了东北部分地区外，其余地区大部分站点气温均高出气候值 2 个标准差以上，尤其在黄河中下游和江淮地区，气温高出 3 个标准差以上，按照国家气候中心监测，全国有 84 个站打破历史最高纪录，这些站大部分位于华北和黄淮地区。因此，2018 年夏季，黄淮到华北地区遭遇了极端高温天气。

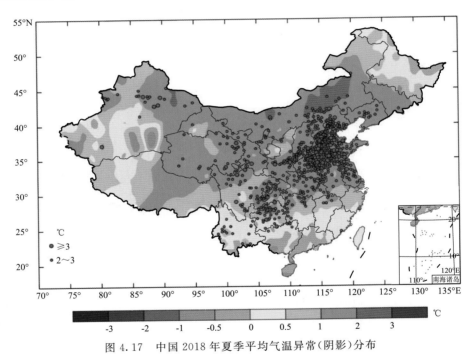

图 4.17　中国 2018 年夏季平均气温异常（阴影）分布

（大红点和小红点分别表示气温标准差达 3 倍（含）以上和 2~3 倍的站点）

2018 年夏季，西太平洋副高 6—7 月持续向北移动，到 7 月底达到最北位置，8 月有所南落，但整个夏季副高脊线较常年同期异常偏北，逐日副高脊线变化显示（图略，Ding et al.，2019a），从 7 月 5 日到 8 月底，副高脊线均较常年同期异常偏北，在 7 月底，脊线位于 40°N 北侧，较常年同期偏北 10 个纬度，尤其在 7 月 29 日，脊线位于 43°N，偏北破历史纪录，较常年同期偏北 13 个纬度。如图 4.18 所示，2018 年盛夏（7—8 月）期间，西太平洋副高脊线位置异常偏北，达到了自 1961 年以来的最北，在副高北抬前 2 周左右，孟加拉湾越赤道气流增强，随后一周热带东印度洋至西太平洋西风增强,越赤道气流和低纬度西风强度也均达到自 1961 年以来同期最强,在低纬度强西风北侧菲律宾海盆一带形成气旋性涡旋,而在气旋北侧即北纬 30°N以北,反气旋性环流得到加强,也即西太平洋副高得到加强且位置偏北,形成了显著的"西太平洋—日本(PJ)""北正南负"经向型遥相关波列,中国东部中纬度至日本南部由高压控制,从而导致北方持续性高温天气发生(Ding et al.,2019a;Chen et al.,2015)。

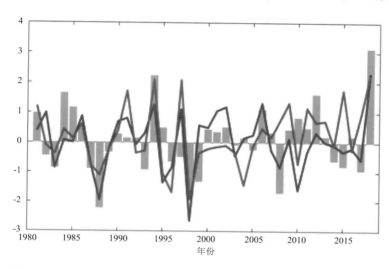

图 4.18 1981—2018 年盛夏(7—8 月)标准化的 WPSH 脊线(灰色柱体)、
东印度洋—西太平洋平均的西风(蓝线)以及孟加拉湾越赤道气流(BOBCEF,红线)年际变化

在拉尼娜事件背景下,副高脊线趋向偏北(张庆云 等,1999)。然而,弱拉尼娜事件的影响可能被其他因素调整,因此,在 2018 年春季就结束的拉尼娜事件不可能是影响副高偏北的唯一因素。在中期天气时间尺度上,影响副高北上的因素很大程度上来源于大气系统,尤其是夏季风系统成员。越赤道气流作为南北半球大气系统相互作用的"桥梁"和东亚夏季风系统对流上升的支流,对副高的天气尺度活动有重要影响。气候平均而言,在 6 月第 2 候,热带西太平洋对流层低层西风暴发导致副高第一次北跳,7 月第 4 候热带低层西风向北移动导致副高第二次北跳(张庆云 等,1999),越赤道气流、低纬度纬向风的增强或减弱能导致副高位置和强度的明显变化(高辉 等,2006;Li et al.,2016)。

基于孟加拉湾越赤道气流的气候平均位置(高辉 等,2006),在 850 hPa 等压面上,定义(85°~100°E,5°S~5°N)范围平均的经向风为孟加拉湾越赤道气流指数,在同一等压面上,定义热带东印度洋至西太平洋的西风指数为纬向风速在(80°~120°E,5°~15°N)范围内的平均。在 1981—2018 年夏季期间,用这两个热带季风指数,分别与亚太范围 850 hPa 风场和 500 hPa 高度场做相关,结果表明(图略,Ding et al.,2019a),热带西风指数和孟加拉湾越赤道气流指数偏强时,易导致南中国海至西北太平洋高度场偏低、气旋性环流发展,而在中国北方至日本一带,高度场显著性偏高、反气旋性环流发展。因此,越赤道气流和热带西风偏强(弱)易导致副高偏北(南),进而导致中国北(南)方夏季高温天气发展。

在1981—2018年盛夏期间,对北方(黄淮至华北地区)高温天气的进一步分析表明,当孟加拉湾越赤道气流异常偏强时,随后一周热带印度洋至西太平洋西风加强,第二周左右西太平洋副高北抬西伸,北方高温天气发生,其中期天气物理机制如图4.19所示(Ding et al.,2019a)。

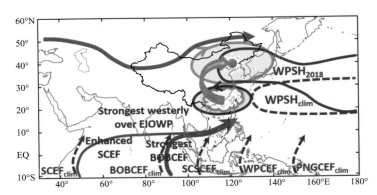

图4.19　中国北方高温天气的中期天气机制示意图(Ding et al.,2019a)

(Enhanced SCEF:增强的索马里越赤道气流;Strongest westerly over EIOWP:热带东印度洋至西太平洋(80°～120°E,5°～15°N)的强西风带;Strongest BOBCEF:强孟加拉湾越赤道气流;SCSCEF:南中国海越赤道气流;WPCEF:西太平洋越赤道气流;PNGCEF:巴布亚新几内亚越赤道气流;下标clim表示气候平均态;下标2018表示2018年夏季)

4.5.2　短期气候成因

2018年盛夏,副高异常偏北,黄淮至河北一带发生持续性异常高温天气,其气候成因分析如下。对流层气温分析表明,北方气温异常偏高中心位于对流层中层,这与北方高温区受偏强、偏西且偏北的副高控制相符。在500 hPa等压面上,4种类型的环流系统都容易导致我国发生高温天气:西北暖高压型、大陆暖高压型、副高偏北型和副高偏南型(张玛 等,2011),中国北方夏季风区高温天气主要由大陆高压或偏强偏北的西北太平洋副高导致。2018年夏季高度场分析表明,中国北方东部高温期间,由黄河流域中部至日本一带受异常反气旋高压控制,东北冷涡位置较常年偏北,西太平洋副高位置偏北偏东,低纬度西太平洋高度场偏低,呈气旋性环流,东亚—西北太平洋中层高度场在经向上呈典型的"北正南负"太平洋—日本(PJ)型遥相关波列。2018年夏季全国平均气温异常偏高,高温中心在北方,高温期间环流异常呈现孟加拉湾越赤道气流偏强、热带东印度洋—西太平洋西风偏强、副高异常偏北,其环流异常类型明显不同于2013和2016年夏季南方高温受弱的越赤道气流影响,从而副高偏强偏西控制了长江中下游地区。SST异常背景也十分不同,2016年的SST背景是极强厄尔尼诺结束后,异常偏暖的印度洋延续 ENSO 对副高的加强作用,而 2018 年前期 SST 背景为拉尼娜事件逐步衰减。为了理清外强迫对北方高温的气候影响,图 4.20 分析了夏季中国气温与全球海温的关系,结果表明,中国夏季高温与黑潮及其延伸区海温呈显著正相关,2018 年黑潮及其延伸区海温达到 1961 年以来最高。对北方高温的进一步分析表明,黑潮及其延伸区暖海温可以加强中国东部中纬度至日本南部的高压环流,而东北冷涡强度偏弱位置偏北,导致北方高温(Ding et al.,2019b)。

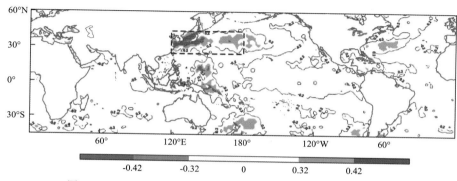

图 4.20　1981—2018 年夏季中国平均气温与全球海温相关分布
(黑色虚线框内是黑潮及其延伸区)

综合以上分析,可以归纳出导致中国北方夏季异常高温天气的气候成因机制:黑潮及其延伸区海温异常偏暖,"PJ"遥相关波列呈"北高南低"型,北方受高压控制,东北冷涡偏弱偏北(图 4.21)。同时,结合图 4.19,热带环流特征为:孟加拉湾越赤道气流偏强、热带东印度洋到西太平洋西风加强,导致菲律宾一带为气旋环流控制。

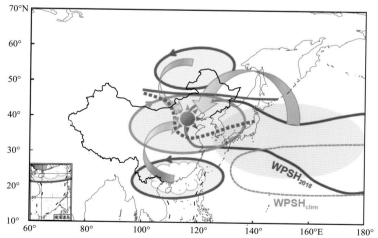

图 4.21　中国北方夏季高温天气可能的气候成因示意图(浅蓝色虚线(标记为西太平洋副高脊线气候值)
和红色实线(标记为北方高温年副高脊线)分别表示气候均值和异常高温年的副高位置。深蓝色
实线表示东北冷涡的南方边界(定义为零涡度线),高温年为实线,气候平均值为虚线)

4.6 基于数值模式的全国高温天气延伸期预测方法及应用

分别基于美国 CFSv2 模式系统和国家气候中心第二代动力延伸模式 DERF2.0 对未来 45 d 气温的预测，建立了全国站点高温预测方法，业务产品见 http://cmdp. ncc-cma. net/climate/disaster. php? cat＝HighTemp&type＝prediction，包括未来 1～20 d 全国日最高气温预测（图 4.22）和 1～44 d 主要城市逐日最高温预测（图 4.23），已应用于高温延伸期预报业务。

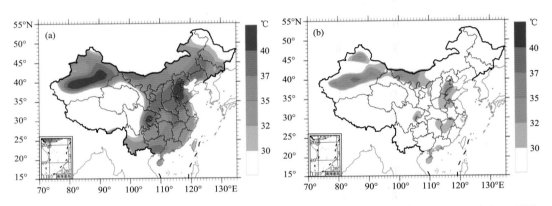

图 4.22　分别基于 DERF2.0(a)和美国 CFSv2(b)未来 1～10 d(a)和 11～20 d(b)全国最高气温预测

（起报日期为 2019 年 6 月 28 日，DERF2.0 预测集合了 4 个成员，CFSv2 预测集合了 16 个成员）

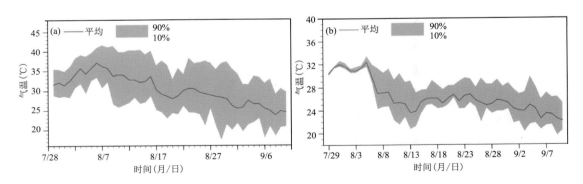

图 4.23　分别基于 DERF2.0(a)和美国 CFSv2(b)未来 1～44 d 北京站最高气温预测

（起报日期为 2018 年 7 月 28 日，DERF2.0 预测集合了 20 个成员，CFSv2 预测集合了 16 个成员）

4.7　本章小结

近年来,中国夏季持续性高温天气有增多增强的趋势,多地县、市屡破高温纪录,其对人民生活、社会经济带来日益严重的影响,因此很有必要研究清楚不同区域高温天气的天气和气候成因,以便在天气和气候预测中做好预测服务。在中期天气尺度上,高温天气的产生与东亚夏季风系统成员准双周低频变化密切相关,其中亚太热带季风系统的越赤道气流、低纬度印度洋至西太平洋西风暴发是导致影响我国高温天气的副热带东亚夏季风系统异常变化的中期天气成因,而 SST 异常,包括热带太平洋(ENSO)和热带印度洋海温异常以及热带外黑潮延伸区 SST 等异常,是我国夏季南、北方持续性高温天气的外强迫短期气候成因,通过上述两种途径的分析,本章得到了我国南、北方大范围持续性高温天气的中期天气和短期气候影响机制,总结如下。

(1)分析归纳了 1961 年以来最近几十年中国夏季高温的时空变化特征,发现中国典型区域持续性高温主要发生在我国东南、新疆和黄淮至河北一带,其中东南地区高温又按气候成因的不同,可分为江南型和江淮型。

(2)我国东部季风区南、北方高温天气的中期天气成因机制有内在联系,可以统一归纳为:当孟加拉湾越赤道气流异常偏强(中断)时,随后一周热带印度洋至西太平洋西风加强(减弱),第二周左右西太平洋副高北抬西伸(加强西伸位置偏南),北(南)方高温天气发生。

(3)夏季江淮地区持续性高温天气的气候成因。高温天气发生的前期 5—6 月,热带西太平洋 SST 偏高,而热带西印度洋 SST 偏低,这种纬向 SST 梯度,产生 Gill-Matsuno 型热源强迫效应,使得夏季热带西太平洋产生强的对流上升运动,上升气流在高层向北运动到江淮地区下沉,江淮地区受偏强高压控制,从而导致持续性高温天气发生。

(4)夏季江南地区持续性高温天气的气候成因。与江淮高温气候成因不同,江南高温天气主要受前冬厄尔尼诺暖海温和前冬一直持续到春夏季的热带印度洋暖海温的共同影响,尤其是春夏季期间,厄尔尼诺暖海温(热带东太平洋)影响减弱,而热带印度洋暖海温持续显著性影响西太平洋副高加强、西伸、位置偏南,导致江南地区受副高西部控制、持续性高温天气发生。

(5)北方黄淮至河北型高温天气气候成因。孟加拉湾越赤道气流偏强,热带印度洋至西太平洋西风偏强、低纬度西北太平洋对流上升运动偏强,西北太平洋副高偏北,同时,黑潮及其延伸区 SST 偏暖,可以加强中国东部中纬度至日本南部的高压环流,从而在经向上形成"北正南负"的 PJ(太平洋日本)大气遥相关波列,此时东北冷涡表现为强度偏弱、位置偏北,最终导致北方型持续高温天气发生。

（6）基于美国 NCEP－CFSv 和国家气候中心 DERF2.0 气候模式输出，建立了中国站点高温天气的中期（1～10 d）和延伸期（11～30 d）预报方法和产品。

本章分析了我国不同区域夏季持续性高温天气的天气、气候成因，主要特点是归纳出了不同地域高温类型的天气与气候发生机制，并尝试建立了基于模式的预测方法，希望能对从事天气和气候预测业务、科研的工作人员有所参考和帮助，从而提高相关预测业务的认识和技术。

鲍名,2007.近50年我国持续性暴雨的统计分析及其大尺度环流背景[J].大气科学,31(5):779-792.

边清河,丁治英,吴明月,等,2005.华北地区台风暴雨的统计分析[J].气象,31(3):61-65.

陈丽娟,许力,江滢,2005.2004年北半球大气环流及对中国气候异常的影响[J].气象,31(4):27-31.

陈隆勋,邵永宁,张清芬,等,1991a.近四十年我国气候变化的初步分析[J].应用气象学报,2(2):164-174.

陈隆勋,朱乾根,罗会邦,等,1991b.东亚季风[M].北京:气象出版社.

池艳珍,何金海,吴志伟,2005.华南前汛期不同降水时段的特征分析[J].南京气象学院学报,28(2):163-171.

丁华君,周玲丽,查贲,等,2007.2003年夏季江南异常高温天气分析[J].浙江大学学报(理学版),34(1):100-120.

丁菊丽,徐志升,费建芳,等,2009.华南前汛期起止日期的确定及降水年际变化特征分析[J].热带气象学报,25(2):59-64.

丁一汇,2008.中国气象灾害大典[M].北京:气象出版社.

丁一汇,李吉顺,孙淑清,等,1980.影响华北夏季暴雨的几类天气尺度系统分析[C]//中国科学院大气物理研究所集刊(第9号):暴雨及强对流天气的研究.北京:科学出版社:1-13.

丁一汇,柳俊杰,孙颖,等,2007.东亚梅雨系统的天气—气候学研究[J].大气科学,31(6):1082-1101.

丁一汇,赵深铭,何诗秀,1988.5—10月全球热带和副热带200 hPa多年平均环流的研究(一)——行星尺度环流系统[J].大气科学,12(2):174-181.

丁裕国,张耀存,刘吉峰,2007.一种新的气候分型区划方法[J].大气科学,31(1):129-136.

董敏,余建锐,高守亭,1999.东亚西风急流变化与热带对流加热关系的研究[J].大气科学,23(1):62-70.

范可,2006.南半球环流异常与长江中下游夏季旱涝的关系[J].地球物理学报,49:672-679.

高辉,薛峰,2006.越赤道气流的季节变化及其对南海夏季风爆发的影响[J].气候与环境研究,11:57-68.

高守亭,陶诗言,丁一汇,1992.寒潮期间高空波动与东亚急流的相互作用[J].大气科学,16(6):718-724.

葛美玲,封志明,2009.中国人口分布的密度分级与重心曲线特征分析[J].地理学报,64(2):202-210.

耿全震,黄荣辉,1996.辐散风和瞬变的涡度通量的异常对定常波年际异常的强迫作用[J].气象学报,54(2):132-141.

郭其蕴,王继琴,1988.中国与印度夏季风降水的比较研究[J].热带气象,4(1):53-60.

何慧根,李巧萍,吴统文,等,2014.月动力延伸预测模式业务系统DERF2.0对中国气温和降水的预测性能评估[J].大气科学,38(5):950-964.

何金海,丁一汇,高辉,等,2001.南海夏季风建立日期的确定与季风指数[M].北京:气象出版社.

何金海,宇婧婧,沈新勇,等,2004.有关东亚夏季风的形成及其变率的研究[J].热带气象学报,20(5):449-459.

何州杉月,杨林,2011.中国降水区划模糊聚类软划分法[J].气象科技,39(5):582-586.

华南前汛期暴雨文集编辑组,1982.华南前汛期暴雨文集[M].北京:气象出版社.

黄刚,胡开明,屈霞,等,2016.热带印度洋海温海盆一致模的变化规律及其对东亚夏季气候影响的回顾[J].大气科学,40(1):121-130.

黄荣辉,皇甫静亮,刘永,等,2016.从Rossby波能量频散理论到准定常行星波动力学研究的发展[J].大气科学,40(1):3-21.

黄荣辉,孙凤英,1994.热带西太平洋暖池的热状态及其上空的对流活动对东亚夏季气候异常的影响[J].大气科学,18(2):141-151.

黄士松,余志豪,1962.副热带高压结构及其同大气环流有关若干问题的研究[J].气象学报,31(4):339-359.

金荣花,陈涛,鲍媛媛,等,2008.2007年梅汛期异常降水的大尺度环流成因分析[J].气象,34(4):79-85.

金荣花,李维京,张博,等,2012.东亚副热带西风急流活动与长江中下游梅雨异常关系的研究[J].大气科学,36(4):722-732.

况雪源,张耀存,2006.东亚副热带西风急流位置异常对长江中下游夏季降水的影响[J].高原气象,25(3):382-389.

雷蕾,邢楠,周璇,等,2020.2018年北京"7.16"暖区特大暴雨特征及形成机制研究[J].气象学报,78(1):1-17.

雷雨顺,1981.经向型持续性特大暴雨的合成分析[J].气象学报,39(2):168-181.

李琛,李双林,2016.索马里和澳大利亚越赤道气流的协同变化与我国夏季降水型[J].科学通报,61:1453-1461.

李崇银,屈昕,2000.伴随南海夏季风爆发的大尺度大气环流演变[J].大气科学,24(1):1-14.

李崇银,王作台,林士哲,等,2004.东亚夏季风活动与东亚高空西风急流位置北跳关系的研究[J].大气科学,28(5):641-658.

李崇银,武培立,1990.北半球大气环流30—60天振荡的一些特征[J].中国科学B辑(7):764-774.

李红梅,周天军,宇如聪,2008.近四十年我国东部盛夏日降水特性变化分析[J].大气科学,32(2):358-370.

李双林,纪立人,2001.夏季乌拉尔地区环流持续异常及其背景流特征[J].气象学报,59(3):280-293.

李小峰,2015.近30年华北地区夏季极端高温天气事件及其影响机理研究[M].兰州:兰州大学.

李艳,金荣花,王式功,2010.1950—2008年影响中国天气的关键区阻塞高压统计特征[J].兰州大学学报(自然科学版),46(6):47-55.

李勇,金荣花,周宁芳,等,2017.江淮梅雨季节强降雨过程特征分析[J].气象学报,75(5):717-727.

廖菲,胡娅敏,洪延超,2009.地形动力作用对华北暴雨和云系影响的数值研究[J].高原气象,28(1):115-126.

廖清海,陶诗言,2004.东亚地区夏季大气环流季节循环进程及其在区域持续性降水异常形成中的作用[J].大气科学,28(6):835-846.

廖晓农,倪允琪,何娜,等,2013.导致"7.21"特大暴雨过程中水汽异常充沛的天气尺度动力过程分析研究[J].气象学报,71(6):997-1011.

林建,毕宝贵,何金海,2005.2003年7月西太平洋副热带高压变异及中国南方高温形成机理研究[J].大气科学,29(4):594-599.

刘益然,郭大敏,辛宝恒,等,1979.关于"75.7"华北暴雨的水汽问题[J].气象学报,37(2):79-82.

刘海文,丁一汇,2011a.华北汛期降水月内时间尺度周期振荡的年代际变化分析[J].大气科学,35(1):157-167.

刘海文,丁一汇,2011b.华北夏季降水的年代际变化[J].应用气象学报,22(2):129-137.

刘明丽,王谦谦,2006.江淮梅雨期极端降水的气候特征[J].南京气象学院学报,29(5):676-581.

刘芸芸,李维京,艾婉秀,等,2012.月尺度西太平洋副热带高压指数的重建与应用[J].应用气象学报,23(4):414-423.

毛文书,王谦谦,马慧,等,2008.江淮梅雨的时空变化特征[J].南京气象学院学报,31(1):116-122.

毛文书,王谦谦,王永忠,等,2006.近50a江淮梅雨期暴雨的区域特征[J].南京气象学院学报,29(1):33-40.

梅士龙,管兆勇,2009.1998年长江中下游梅雨期间对流层上层斜压波包的传播[J].热带气象学报,25(3):300-306.

明镜,孙建奇,李国平,等,2015.南半球中纬度偶极模态与亚洲_非洲夏季降水[J].大气科学,39(2):413-421.

缪锦海,肖天贵,刘志远,2002.波包传播诊断的理论基础和计算方法[J].气象学报,60(4):461-467.

倪允琪,周秀骥,2004.中国长江中下游梅雨锋暴雨形成机理以及监测与预测理论和方法研究[J].气象学报,62(5):647-662.

倪允琪,周秀骥,2005.我国长江中下游梅雨锋暴雨研究的进展[J].气象,31(1):9-12.

聂羽,韩振宇,韩荣青,等,2018.中国夏季热浪持续天数的年际变化及环流异常分析[J].气象,44(2):294-303.

彭京备,刘舸,孙淑清,2016.2013年我国南方持续性高温天气及副热带高压异常维持的成因分析[J].大气科学,40(5):897-906.

强学民,杨修群,2008.华南前汛期开始和结束日期的划分[J].地球物理学报,51(5):1333-1345.

强学民,杨修群,2013.华南前汛期降水异常与太平洋海表温度异常的关系[J].地球物理学报,56(8):2583-2593.

任国玉,初子莹,周雅清,等,2005.中国气温变化研究最新进展[J].气候与环境研究,10(4):701-716.

任珂,何金海,祁莉,2010.东亚副热带季风雨带建立特征及其降水性质分析[J].气象学报,68(4):550-558.

任雪娟,杨修群,周天军,等,2010.冬季东亚副热带急流与温带急流的比较分析:大尺度特征和瞬变扰动活动[J].气象学报,68(1):1-11.

施能,陈绿文,2002.全球陆地年降水场的长期变化(1948—2000年)[J].科学通报,47(21):1671-1674.

史湘军,智协飞,2007.1950—2004年欧亚大陆阻塞高压活动的统计特征[J].南京气象学院学报,30(3):338-344.

寿绍文,2010.位涡理论及其应用[J].气象,36(3):9-18.

宋燕,缪锦海,琚建华,2006.波包传播特征与西太平洋副热带高压移动的关系[J].气象学报,64(5):576-582.

隋翠娟,潘丰,蔡怡,等,2014.从副高及海温角度分析2013年夏季长江中下游地区高温干旱原因[J].海洋预报,31(5):76-81.

孙继松,2005.气流的垂直分布对地形雨落区的影响[J].高原气象,24(1):62-69.

孙继松,何娜,王国荣,等,2012."7.21"北京大暴雨系统的结构演变特征及成因初探[J].暴雨灾害,31(3):218-225.

孙继松,雷蕾,于波,等,2015.近10年北京地区极端暴雨事件的基本特征[J].气象学报,73(4):609-623.

孙建华,张小玲,卫捷,等,2005.20世纪90年代华北大暴雨过程特征的分析研究[J].气候与环境研究,10(3):492-506.

孙建奇,2014.2013年北大西洋破纪录高海温与我国江淮—江南地区极端高温的关系[J].科学通报,59(27):2714-2719.

孙建奇,王会军,袁薇,2011.我国极端高温事件的年代际变化及其与大气环流的联系[J].气候与环境,16(2):199-208.

孙淑清,纪立人,1986.凝结潜热对大尺度流场影响的数值试验[J].科学通报,31(14):1090-1092.

唐恬,金荣花,彭相瑜,等,2014.2013年夏季中国南方区域性高温天气的成因分析[J].成都信息工程学院学报,29(6):652-659.

陶诗言,1980.中国之暴雨[M].北京:科学出版社:225.

陶诗言,卫捷,2006.再论夏季西太平洋副热带高压的西伸北跳[J].应用气象学报,17(5):513-525.

陶诗言,张庆云,张顺利,1998.1998年长江流域洪涝灾害的气候背景和大尺度环流条件[J].气候与环境研究,3(4):290-299.

陶诗言,赵思雄,周晓平,等,2003.天气学和天气预报的研究进展[J].大气科学,27(4):451-467.

陶诗言,朱福康,1964.夏季亚洲南部100毫巴流型的变化及其与西太平洋副热带高压进退的关系[J].气象学报,34(4):385-390.

王会军,薛峰,2003.索马里急流的年际变化及其对半球间水汽输送和东亚夏季降水的影响[J].地球物理学报,46(1):18-25.

吴国雄,刘屹岷,刘平,等,2002.纬向平均副热带高压和Hadley环流下沉支的关系[J].气象学报,60(5):635-636.

吴正华,储锁龙,李海盛,2000.北京相当暴雨日数的气候特征[J].大气科学,24(1):58-66.

伍红雨,杨崧,蒋兴文,等,2015.华南前汛期开始日期异常与大气环流和海温变化的关系[J].气象学报,73(2):319-330.

邢峰,韩荣青,李维京,2018.夏季黄河流域降水气候特征及其与大气环流的关系[J].气象,44(10):1295-1305.

徐明,赵玉春,王晓芳,等,2016.华南前汛期持续性暴雨统计特征及环流分型研究[J].暴雨灾害,35(2):

109-118.

徐群,杨义文,杨秋明,2001.长江中下游116年梅雨(一)[J].暴雨·灾害(1):44-53.

薛峰,王会军,何金海,2003.马斯克林高压和澳大利亚高压的年际变化及其对东亚夏季风降水的影响[J].科学通报,48(3):287-291.

杨波,孙继松,毛旭,等,2016.北京地区短时强降水过程的多尺度环流特征[J].气象学报,74(6):919-934.

杨辉,李崇银,2005.2003年夏季中国江南异常高温的分析研究[J].气候与环境研究,10(1):80-85.

杨莲梅,张庆云,2007.夏季东亚西风急流Rossby波扰动异常与中国降水[J].大气科学,31(4):586-595.

杨莲梅,张庆云,2008.夏季沿西亚急流Rossby波活动异常的波源和能量传播及转换特征[J].气象学报,66(4):555-565.

杨义文,2001.7月份两种东亚阻塞形势对中国主要雨带位置的不同影响[J].气象学报,59(6):759-767.

么枕生,1998.载荷相关模式用于气候分类与天气气候描述[C]//气候学研究:气候与环境.北京:气象出版社:1-9.

叶笃正,1962.北半球冬季阻塞形势的研究[M].北京:科学出版社:1-10.

叶笃正,陶诗言,李麦村,1958.在6月和10月大气环流的突变现象[J].气象学报,29(4):250-263.

袁媛,丁婷,高辉,等,2018.我国南方盛夏气温主模态特征及其与海温异常的联系[J].大气科学,42(6):1245-1262.

袁媛,高辉,李维京,等,2017.2016年和1998年汛期降水特征及物理机制对比分析[J].气象学报,75(1):19-38.

岳彩军,寿绍文,林开平,2002.一次梅雨暴雨过程中潜热的计算分析[J].气象科学,22(4):468-473.

张杰英,杨梅玉,姜达雍,1987.考虑大尺度凝结加热的数值模拟试验[J].气象科学研究院院刊,2(2):123-132.

张玛,高庆九,2011.中国夏季高温变化特征及其影响过程研究[D].南京:南京信息工程大学.

张庆云,陶诗言,1998a.夏季东亚热带和副热带季风与中国东部汛期降水[J].应用气象学报,9(增刊):17-23.

张庆云,陶诗言,1998b.亚洲中高纬度环流对东亚夏季降水的影响[J].气象学报,56(2):199-211.

张庆云,陶诗言,1999.夏季西太平洋副热带高压北跳及异常的研究[J].气象学报,57:539-548.

张庆云,陶诗言,陈烈庭,2003.东亚夏季风指数的年际变化与东亚大气环流[J].气象学报,61(4):559-568.

张顺利,陶诗言,张庆云,等,2002.长江中下游致洪暴雨的多尺度条件[J].科学通报,47(6):467-473.

张英华,2015.中国东部夏季极端高温的空间分布特征及其环流成因研究[D].兰州:兰州大学.

张宇,李耀辉,王劲松,等,2014.2013年7月我国南方异常持续高温成因分析[J].热带气象学报(6):1172-1180.

章翠红,夏茹娣,王咏青,2018.地形、冷池出流和暖湿空气相互作用造成北京一次局地强降水的观测分析[J].大气科学学报,41(2):207-219.

赵勇,钱永甫,2008.夏季江淮流域暴雨的特征及与旱涝的关系[J].南京大学学报(自然科学),44(3):237-249.

赵振国,1999.中国夏季旱涝及环境场[M].北京:气象出版社:45,75.

郑彬,梁建茵,林爱兰,等,2006.华南前汛期的锋面降水和夏季风降水 I.划分日期的确定[J].大气科学,20(6):1207-1216.

郑永骏,吴国雄,刘屹岷,2013.涡旋发展和移动的动力和热力问题 I.PV-Q观点[J].气象学报,71(2):185-197.

周宁,2016.冬季欧亚阻塞高压的空间特征及其对中国温度的影响[J].成都信息工程大学学报,31(4):419-424.

周强,2011.中国东部夏季极端高温的气候变化特征及其影响因子[D].南京:南京信息工程大学.

周晓平,1957.亚洲中纬度区域阻塞形势的统计研究[J].气象学报,28(1):75-85.

ALTENHOFF A M, MARTIUS O, CROCI-MASPOLI M, et al,2008. Linkage of atmospheric blocks and synoptic-scale Rossby waves:a climatological analysis[J]. Tellus Series A, 60A:1053-1063.

AMBRIZZI T, HOSKINS B J, HSU H H, 1995. Rossby wave propagation and teleconnection patterns in the austral winter [J]. J Atmos Sci, 52(21):3661-3672.

ANNAMALAI H, XIE S P, MCCREARY J P, et al, 2005. Impact of Indian Ocean sea surface temperature on developing El Niño [J]. J Climate, 18:302-319.

BALLING R C JR, LAWSON M P,1982. Twentieth century changes in winter climatic regions[J]. Climatic Change, 4(1):57-69.

BERGGREN R, GIBBS W J, NEWTON C W, 1958. Observational characteristics of the jet stream[Z]. WMO Technical Note.

BLUNDEN J, ARNDT D S, HARTFIELD G,et al,2018. State of the climate in 2017[J]. Bull Amer Meteor Soc,99:S1-S310.

CHEN G S, HUANG R H,2012. Excitation mechanisms of the teleconnection patterns affecting the July precipitation in Northwest China [J]. J Climate,25:7834-7851.

CHEN L X, LI W, ZHAO P, et al, 2000. On the process of summer monsoon onset over East Asia[J]. Climatic Environ Res, 5:345-355.

CHEN R D, LU R Y, 2015. Comparisons of the circulation anomalies associated with extreme heat in different regions of eastern China [J]. J Climate, 28:5830-5844.

CHEN T C, YOON J H,2001. Interdecadal variations of the North Pacific wintertime blocking[J]. Mon Wea Rev, 130:3136-3143.

CHRISTOPH S,GERD J, 2004. Hot news from summer 2003 [J]. Nature, 432:559-560.

COUMOU D,RAHMSTORF S, 2012. A decade of weather extremes [J]. Nature Climate Change, 2:491-496.

CRESSMAN G P,1981. Circulation of the West Pacific jet stream[J]. Mon Wea Rev,109(12):2450-2463.

CROCI-MASPOLI M, SCHWIERZ C, DAVIES H C,2007. A multifaceted climatology of atmospheric blocking and its recent linear trend[J]. J Climate,20: 633-649.

DING Q,WANG B,2005. Circumglobal teleconnection in the northern hemisphere summer[J]. J Climate, 18 (17):3483-3505.

DING T, GAO H, LI W, 2018. Extreme high-temperature event in southern China in 2016 and the possible role of cross-equatorial flows [J]. Int J Climatol,38:3579-3594.

DING T, GAO H, YUAN Y, 2019a. The record-breaking northward shift of the western Pacific subtropical high in summer 2018 and the possible role of cross-equatorial flow over the Bay of Bengal [J]. Theoretical and Applied Climatology,139:701-710.

DING T, QIAN W,YAN Z, 2010. Changes in hot days and heat waves in China during 1961-2007[J]. Int J Climatol, 30(10):1452-1462.

DING T, YUAN Y, ZHANG J, et al, 2019b. 2018. The hottest summer in China and possible causes [J]. Journal of Meteorological Research,33:577-592.

DING T,KE Z, 2015. Characteristics and changes of regional wet and dry heat wave events in China during 1960-2013[J]. Theoretical and Applied Climatology, 122(3):651-665.

DING Y H,1992. Summer monsoon rainfalls in China[J]. J Meteor Soc Japan, 70(1B): 373-396.

DING Y H,CHAN J C L, 2005. The East Asian summer monsoon: an overview [J]. Meteorol Atmos Phys, 89(1-4):117-142.

ENDLICH R M, MCLEAN G S, 1957. The structure of the jet stream score[J]. J Atmos Sci, 14(6): 543-552.

ENOMOTO T,HOSKINS B J, MATSUDA Y,2003. The formation mechanism of the Bonin high in August [J]. Quart J Roy Meteor Soc,129:157-178.

FARGE M,1992. Wavelet transform and their applications to turbulence[J]. Annual Review of Fluid Mechanics,24:395-457.

GILL A E, 1980. Some simple solutions for heat induced tropical circulation [J]. Quart J Roy Meteor Soc, 106 (449): 447-462.

GU W, WANG L, HU Z, et al, 2018. Interannual variations of the First Rainy Season precipitation over South China [J]. J Climate, 31(2): 623-640.

HAN R Q, WANG H, HU Z-Z,et al,2016. An assessment of multimodel simulations for the variability of Western North Pacific tropical cyclones and its association with ENSO [J]. J Climate, 29:6401-6423.

HOEL J D, 1981. A rotated principal component analysis of the interannual variability of the Northern Hemisphere 500 hPa Height Field [J]. Mon Wea Rev,109:2080-2092.

HOSKINS B J, AMBRIZZI T, 1993. Rossby wave propagation on a realistic longitudinally varying flow [J]. J Atmos Sci, 50(12): 1661-1671.

HOSKINS B J, KAROLY D J, 1981. The steady linear response of a spherical atmosphere to thermal and orographic forcing [J]. J Atmos Sci, 38(6):1179-1196.

HSU P, LI T, YOU L, et al,2015. A spatial-temporal projection model for 10-30 day rainfall forecast in South China [J]. Climate Dyn,44:1227-1244.

HU K M, HUANG G, WU R, et al, 2017. Structure and dynamics of a wave train along the wintertime Asian jet and its impact on East Asian climate [J]. Climate Dyn, 51:4123-4137.

HUANG R H, LI W J,1987. Influence of the heat source anomaly over the tropical western Pacific on the subtropical high over East Asia[C]//International Conference on the General Circulation of East Asia. Chengdu: Institute of Atmospheric Physics, Chinese Academy of Sciences:40-51.

KALNAY E, KANAMITSU M, KISTLER R, et al, 1996. The NCEP/NCAR 40-year reanalysis project [J]. Bull Amer Meteor Soc,77:437-472.

KISTLER R, KALNAY E, COLLINS W, et al, 2001. The NCEP-NCAR 50-year reanalysis: Monthly means CD-ROM and documentation [J]. Bull Amer Meteor Soc, 82:247-268.

KOSAKA Y, XIE S-P, NAKAMURA H,2011. Dynamics of interannual variability in summer precipitation over East Asia [J]. J Climate, 24:5435-5453.

KRISHNAMURTI T N,1961. The Subtropical Jet Stream of Winter[J]. J Atmos Sci, 18(18):172-191.

LAU K M, BOYLE J S, 1987. Tropical and extratropical forcing of the large-scale circulation: A diagnostic study[J]. Mon Wea Rev, 115(2):400-428.

LI C, LI S L,2016. Connection of the interannual seesaw of the Somali-Australian cross-equatorial flows with China summer rainfall[J]. Chin Sci Bull, 61:1453-1461.

LI J, DING T, JIA X L,et al, 2015. Analysis on the extreme heat wave over China around Yangtze River region in the summer of 2013 and its main contributing factors [J]. Advances in Meteorology, 1:1-15.

LI S L, LU J, HUANG G,et al,2008. Tropical Indian Ocean basin warming and East Asian summer monsoon: a multiple AGCM study [J]. J Climate, 21:6080-6088.

LIN Z D, 2010. Relationship between meridional displacement of the monthly East Asian jetstream in the summer and sea surface temperature in the tropical central and eastern Pacific [J]. Atmos Oceanic Sci Lett, 3(1):40-44.

LIN Z D, LU R Y,2005. Interannual meridional displacement of the East Asian Upper-tropospheric jet stream in summer [J]. Adv Atmos Sci,22(2):199-211.

LIU H B, YANG J, ZHANG D L, et al, 2014. Roles of synoptic to quasi-biweekly disturbance in generating the summer 2003 heavy rainfall in east China[J]. Mon Weather Rev,142:886-904.

LU R Y, OH J H, KIM B J,2002. A teleconnection pattern in upper-level meridional wind over the North African and Eurasian continent in summer[J]. Tellus,54A:44-55.

LU R,2004. Associations among the components of the East Asian summer monsoon system in the meridional direction [J]. J Meteor Soc Japan,82:155-165.

LUO Y L, WU M W, REN F M, et al,2016. Synoptic situations of extreme hourly precipitation over China [J]. J Climate, 29(24): 8703-8719.

LUPO A R, SMITH P J,1995. Climatological features of blocking anticyclones in the Northern Hemisphere [J]. Tellus, 47A: 439-456.

LUPO A R, 1997. A diagnosis of two blocking events that occurred simultaneously over the mid-latitude Northern Hemisphere[J]. Mon Wea Rev, 125: 1801-1823.

LUTERBACHER J, DIETRICH D, XOPLAKI E, et al, 2004. European seasonal and annual temperature variability, trends, and extremes since 1500 [J]. Science, 303:1499-1503.

MATSUNO T, 1966. Quasi-geostrophic motions in the equatorial area [J]. J Meteor Soc Jpn Ser Ⅱ, 44 (1): 25-43.

MCGREGOR G R, FERRO C A T,Stephenson D B, 2005. Projected changes in extreme weather and climate events in Europe [M]. In: Extreme Weather Events and Public Health Responses. New York, NY: Springer.

PETER D, JAN K, KATARZYNA P, et al, 2003. Variability of extreme temperature events in south-central Europe during the 20th century and its relationship with large-scale circulation [J]. Int J Climatol,23: 987-1010.

PLUMB R A, 1985. On the three-dimensional propagation of stationary waves[J]. J Atmos Sci, 42(3): 217-229.

RAYNER N A, PARKER D E, HORTON E B, et al, 2003. Global analyses of sea surface temperature, sea ice, and night marine air temperature since the late nineteenth century [J]. J Geophys Res Atmos, 108:4407.

ROBINE J M, CHEUNG S L, LE R S, et al, 2008. Death toll exceeded 70000 in Europe during the summer of 2003 [J]. Comptes Rendus Biologies, 331:171-178.

SAHA S,MOORTHI S, WU X,et al, 2014. The NCEP climate forecast system version 2 [J]. J Climate, 27: 2185-2208.

SARDESHMUKH P D, HOSKINS B J,1988. The generation of global rotational flow by steady idealized tropical divergence[J]. J Atmos Sci,45(7):1228-1251.

TAKAYA K, NAKAMURA H,1997. A formulation of a wave-activity flux for stationary Rossby waves on a zonally varying basic flow[J]. Geophys Res Lett, 24(23):2985-2988.

TANG Y B, GAN J J, ZHAO L, et al,2006. On the climatology of persistent heavy rainfall events in China [J]. Adv Atmos Sci, 23(5): 678-692.

TAO S Y, CHEN L X,1987. A review of recent research on the East Asian summer monsoon in China. In: Monsoon Meteorology[M]. Oxford: Oxford University Press.

TERAO T,1999a. Relationships between the quasi-stationary Rossby waves in the subtropical jet and the mass and heat transport in the northern periphery of the Tibetan high [J]. J Meteor Soc Jpn,77:1271-1286.

TERAO T,1999b. The zonal wavelength of the quasi-stationary Rossby wave trapped in the westerly jet [J].
J Meteor Soc Japan, 77:687-699.

TREIDL R A, BIRCH E C, SAJECKI P,1981. Blocking action in the Northern Hemisphere: A climatological
study[J]. Atmos Ocean, 19: 1-23.

TSAY C-Y,KAO S-K,1978. Linear and nonliear contributions to the growth and decay of the large-scale at-
mospheric waves and jet stream[J]. Tellus,30:1-14.

UCCELLINI L W, JOHNSON D R,1979. The coupling of upper and lower tropospheric jet streaks and impli-
cations for the development of severe convective storms[J]. Mon Wea Rev, 107(6):682-703.

WANG Y J, REN F M,ZHANG X B, 2014. Spatial and temporal variations of regional high temperature e-
vents in China [J]. Int J Climatol,34: 3054-3065.

WU R,KIRTMAN B P, 2004. Impacts of the Indian Ocean on the Indian summer monsoon-ENSO relationship
[J]. J Climate, 17:3037-3054.

XIANG Y, YANG X Q,2012. The effect of transient eddy on interannual Meridional displacement of summer
East Asian subtropical jet[J]. Adv Atmos Sci,29(3):484-492.

XIAO Q N,1994. Distortion and occlusion of cold fronts under the influence of orography[J]. Acta Meteor
Sinica, 8(4): 440-449.

XIE S P, HU K, HAFNER J, et al, 2009. Indian Ocean capacitor effect on Indo-western Pacific climate dur-
ing the summer following El Niño [J]. J Climate, 22: 730-747.

YAN Z W, JONES P D, DAVIES T D, et al, 2002. Trends of extreme temperatures in Europe and China
based on daily observations [J]. Climatic Change, 53:355-392.

YANG H, LI C Y,2003. The relation between atmospheric intraseasonal oscillation and summer severe flood
and drought in the Changjiang-HuaiheRiver Basin[J]. Adv Atmos Sci,20(4):540-553.

YANG J, LIU Q, XIE S-P,et al, 2007. Impact of the Indian Ocean SST basin mode on the Asian summer
monsoon[J]. Geophys Res Lett, 34, L02708, doi:10. 1029/2006GL028571.

YANG J, WANG B, WANG B, et al, 2010. Biweekly and 21-30day variations of the subtropical summer
monsoon rainfall over the Lower Reach of the Yangtze River Basin[J]. J Climate, 23(5):1146-1159.

YUAN F,WEI K, CHEN W, et al, 2010. Temporal variations of the frontal and monsoon storm rainfall dur-
ing the first rainy season in South China [J]. Atmos Oceanic Sci Lett, 3(5): 243-247.

YUAN Y,GAO H, LI W J,et al,2017. Analysis and comparison of summer precipitation features and physi-
calmechanisms between 2016 and 1998 [J]. Journal of Meteorological Research, 31:261-277.

ZHAI P M,PAN X H, 2003. Trends in temperature extremes during 1951-1999 in China [J]. Geophys Res
Lett,30:169-172.

ZHAN R, WANG Y, LEI X-T, 2011. Contributions of ENSO and East Indian Ocean SSTA to the interannual variability of northwest Pacific tropical cyclone frequency[J]. J Climate, 24:509-521.

ZHANG P F, LIU Y M, HE B, 2016. Impact of East Asian summer monsoon heating on the interannual variation of the South Asian high [J]. J Climate, 29:159-173.

ZHANG R H, SUMI A, KIMOTO M, 1999. A diagnostic study of the impact of El Niño on the precipitation in China[J]. Adv Atmos Sci, 16(2): 229-241.

ZHOU Y Q, REN G Y, 2011. Change in extreme temperature event frequency over mainland China, 1961-2008 [J]. Climate Research, 50:125-139.

ZHU Y L, 2012. Variations of the summer Somali and Australia cross-equatorial flows and the implications for the Asian summer monsoon [J]. Adv Atmos Sci, 29:509-513.

ZHU Z, LI T, HSU P, et al, 2015. A spatial-temporal projection model for extended-range forecast in the tropics [J]. Climate Dyn, 45(3):1085-1098.

ZUO J Q, LI W J, SUN C H, et al, 2019. Remote forcing of the northern tropical Atlantic SST anomalies on the western North Pacific anomalous anticyclone[J]. Climate Dyn, 52: 2837-2853.